U0241338

著 李志勇 等

长白山区
常见蜜源植物图鉴

CHANGBAISHANQU CHANGJIAN

MIYUAN ZHIWU TUJIAN

中国农业出版社
北　京

内容提要 RESUME

　　本书以春、夏、秋3季季节时间为序介绍长白山区常见蜜源植物。书中以精美的原色图片为主，文字说明为辅，重点介绍了各种蜜源植物的学名、别名、识别特征、分布、花期和养蜂价值等，简要介绍了长白山区分布的有毒蜜源植物和放蜂路线，旨在为定地蜂场和长距离转地蜂场养蜂户在蜜源植物鉴别、放蜂路线和场地选择等方面提供参考，本书也适合蜂业科技人员、学生以及养蜂爱好者参考使用。

作者名单

李志勇　王　志　刘玉玲

王　欢　庄明亮　牛庆生

薛运波　王新明　迟永娟

    长白山区的气候属于温带大陆性气候,具有十分明显的垂直地带性植被谱,其植物区系属于"长白植物区系",野生植物资源十分丰富,有蜜源植物400多种,为访花昆虫的生存和繁衍提供了重要的物质基础。长白山区是中国重要林区之一,其蜜源植物为养蜂业提供了良好的条件,主产椴树蜜、洋槐蜜、山花蜜和向日葵蜜等,是我国重要的商品蜜生产基地,也是全国最大的椴树蜜源基地,被誉为"天然蜜库""绿色制糖厂",蜂蜜储量达到10万吨级以上,为我国蜂业发展做出了重要贡献。通常概念中长白山区有狭义和广义之分,本书根据养蜂业的特点和内容需要,采用了广义长白山区的概念。

    因植物的开花由其种性决定,花期长短不一,并且受天气和土壤等物候条件的影响,植物花期每年都会有不同程度的变化。本书根据长白山区养蜂业和植被特点,对蜜源植物所属的季节,按如下方法划分:将花期主体在3～5月的蜜源植物划定为春季蜜源,将花期主体在6～7月的蜜源植物划定为夏季蜜源,将花期主体在8～10月的蜜源植物划定为秋季蜜源。

    书本以花期为序介绍了长白山区分布的近150种重要蜜源植物,隶属54科。书中内容以蜜源植物原色图片为主,用600余幅图片展示蜜源植物的株形和花朵形态特征以及蜜蜂采集行为等;以文字说明为辅,重点介绍了各种蜜源植物的学名、别名、识别特征、分布、花期和养蜂价值等,简要介绍了长白山区分布的有

毒蜜源植物和放蜂路线。全书图片精美、珍贵，文字简明扼要，内容通俗易懂。

本书作者及其任务分工：吉林省养蜂科学研究所李志勇研究员负责书稿设计、组织照片拍摄和文稿撰写、提供图片等，王志副研究员负责文稿修订与校正、提供图片等，刘玉玲副研究员和庄明亮助理研究员负责部分文稿撰写，牛庆生研究员负责文稿审校，薛运波研究员和王新明高级技师提供了部分图片；北华大学林学院王欢副教授负责蜜源植物种类鉴定；前郭尔罗斯蒙古自治县园林绿化管理局迟永娟工程师负责统稿和部分文字工作。

本书旨在为定地蜂场和长距离转地蜂场养蜂户在蜜源植物鉴别、放蜂路线和场地选择等方面提供参考，也适合蜂业科技人员、学生以及养蜂爱好者参考使用。

由于编者学识水平有限，书中疏漏和不妥之处在所难免，敬请读者批评指正！

本书的出版得到了吉林省人才开发资金项目和吉林省科技发展计划项目的资助。

编者

2020 年 5 月

目 录

长白山区
常见蜜源植物图鉴

前言

第一章
Chapter 1

长白山区自然概况

第一节　地理地貌　/　11

第二节　土壤资源　/　12

第三节　气候资源　/　12

第四节　植被资源　/　13

第二章
Chapter 2

春季蜜源植物

第一节　概述　/　14

第二节　分述　/　16

侧金盏花　*Adonis amurensis* Regel et Radde　/　16

多被银莲花　*Anemone raddeana* Regel　/　18

杨树　*Populus* spp.　/　20

东北延胡索　*Corydalis ambigua* Cham. et Schlecht　/　21

柳树　*Salix* spp.　/　23

榆树　*Ulmus pumila* L.　/　24

重瓣榆叶梅　*Amygdalus triloba* f. multiplex　/　26

山杏　*Armeniaca sibirica* (L.) Lam　/　28

毛樱桃　*Cerasus tomentosa* (Thunb.) Wall.　/　30

李　*Prunus salicina* Lindl.　/　32

葶苈　*Draba nemorosa* L.　/　34

蒙古栎　*Quercus mongolica* Fisch. ex Ledeb.　/　36

白桦　*Betula platyphylla* Suk.　/　39

连翘　*Forsythia suspensa* (Thunb.) Vahl　/　40

榛　*Corylus heterophylla* Fisch. ex Trautv.　/　42

顶冰花　*Gagea lutea* (L.) Ker-Gawl.　/　44

荠　*Capsella bursa-pastoris* (L.) Medic.　/　47

山桃　*Prunus davidiana* Franch　/　48

梨　*Pyrus* spp.　/　50

黄菖蒲　*Iris pseudacorus* L.　/　53

薤白　*Allium macrostemon* Bunge　/　54

蓝莓　*Vaccinium* spp.　/　56

山里红　*Crataegus pinnatifida* Var.　/　59

苹果　*Malus pumila* Mill　/　60

树锦鸡儿　*Caragana arborescens* Lam.　/　62

山皂角　*Gleditsia japonica* Miq.　/　64

驴蹄草　*Caltha palustris* L.　/　65

色木槭　*Acer mono* Maxim.　/　67

稠李　*Padus avium* Miller　/　68

葡萄　*Vitis vinifera* L.　/　70

活血丹　*Glechoma longituba* (Nakai) kupr.　/　71

草莓　*Fragaria ananassa* Duch.　/　72

锦带花　*Weigela florida* (Bunge) A. DC.　/　74

刺槐　*Robinia pseudoacacia* L.　/　76

红瑞木　*Cornus alba* L.　/　78

玉竹　*Polygonatum odoratum* (Mill.) Druce　/　80

毛果绣线菊　*Spiraea trichocarpa* Nakai　/　82

老鹳草　*Geranium wilfordii* Maxim.　/　84

金银忍冬　*Lonicera maackii* (Rupr.) Maxim.　/　86

辽东水蜡树　*Ligustrum obtusifolium* subsp. *suave* (Kitag.) Kitag.　/　89

芍药　*Paeonia lactiflora* Pall.　/　90

白花碎米荠　*Cardamine leucantha* (Tausch) O. E. Schulz　/　92

山荆子　*Malus baccata* (L.) Borkh.　/　95

蒲公英　*Taraxacum mongolicum* Hand.　/　97

白车轴草　*Trifolium repens* L.　/　98

红车轴草　*Trifolium pratense* L.　/　100

第三章

夏季蜜源植物

第一节 概述 / 102
第二节 分述 / 104

尖萼楼斗菜 *Aquilegia oxysepala* Trautv. et Mey / 104
东北接骨木 *Sambucus williamsii* Hance. / 106
珠果黄堇 *Corydalis speciosa* Maxim. / 108
缬草 *Valeriana officinalis* L. / 111
辣椒 *Capsicum annuum* L. / 112
鹅肠菜 *Myosoton aquaticum* (L.) Moench / 114
如意草 *Viola arcuata* / 115
黄檗 *Phellodendron amurense* Rupr. / 116
山刺玫 *Rosa davurica* Pall. / 118
牛叠肚 *Rubus crataegifolius* Bge. / 120
葱 *Allium fistulosum* L. / 122
暴马丁香 *Syringa reticulata* Subsp. *amurensis* / 124
紫丁香 *Syringa oblata* Lindl. / 126
茶条枫 *Acer tataricum* Subsp. *ginnala* (Maximowicz) Wesmael / 128
番茄 *Lycopersicon esculentum* Mill. / 130
黄瓜 *Cucumis sativus* L. / 132
大山黎豆 *Lathyrus davidii* Hance / 134
稻 *Oryza sativa* L. / 136
唐松草 *Thalictrum aquilegiifolium* var. sibiricum / 138
紫穗槐 *Amorpha fruticosa* L. / 141
草木犀 *Melilotus officinalis* (L.) Pall. / 142
梓 *Catalpa ovata* G.Don / 144
紫椴 *Tilia amurensis* Rupr. / 145

辽椴 *Tilia mandshurica* Rupr. et Maxim. / 146
软枣猕猴桃 *Actinidia arguta* (Sieb.et Zucc) Planch. ex Miq. / 148
旋花 *Calystegia sepium* (L.) R. Br. / 149
金露梅 *Potentilla fruticosa* L. / 150
黄连花 *Lysimachia davurica* Ledeb. / 151
蚊子草 *Filipendula palmata* (Pall.) Maxim. / 152
苦荬菜 *Ixeris polycephala* Cass. / 154
茄 *Solanum melongena* L. / 156
菜豆 *Phaseolus vulgaris* L. / 159
委陵菜 *Potentilla chinensis* Ser. / 160
柳兰 *Chamerion angustifolium* (L.) Holub. / 162
绣线菊 *Spiraea salicifolia* L. / 164
黄蜀葵 *Abelmoschus manihot* (L.) Medicus / 167
西瓜 *Citrullus lanatus* (Thunb.) Matsum. et Nakai / 168
甜瓜 *Cucumis melo* L. / 170
大豆 *Glycine max* (L.) Merr. / 172
辣蓼铁线莲 *Clematis terniflora* DC. var. *mandshurica* (Rupr.) Ohwi / 175
长柱金丝桃 *Hypericum longistylum* Oliv. / 176
辽东楤木 *Aralia elata* (Miq.) Seem. / 178
紫斑风铃草 *Campanula puncatata* Lamarck / 180
藿香 *Agastache rugosa* (Fisch. et Mey.) O. Ktze. / 182
广布野豌豆 *Vicia cracca* L. / 184
珍珠梅 *Sorbaria sorbifolia* (L.) A. Br. / 186

车前　*Plantago asiatica* L.　/　188

龙牙草　*Agrimonia pilosa* Ledeb.　/　190

千屈菜　*Lythrum salicaria* L.　/　192

西葫芦　*Cucurbita pepo* L.　/　193

轮叶婆婆纳　*Varonicastrum sibiricum* (L.) Pennell　/　194

大白花地榆　*Sanguisorba sitchensis* C. A. Mey.　/　195

莲　*Nelumbo nucifera* Gaertn.　/　196

聚合草　*Symphytum officinale* L.　/　197

圆叶牵牛　*Pharbitis purpurea* (L.) Voigt　/　198

蛇葡萄　*Ampelopsis sinica* (Miq.) W. T. Wang　/　200

展枝沙参　*Adenophora divaricata* Franch.et Sav.　/　202

龙葵　*Solanum nigrum* L.　/　203

第四章

秋季蜜源植物

第一节　概述　/　205

第二节　分述　/　206

艾　*Artemisia argyi* Lévl. et Van　/　206

毛水苏　*Stachys baicalensis* Fisch. ex Benth.　/　208

玉蜀黍　*Zea mays* L.　/　210

圆苞紫菀　*Aster maackii* Regel.　/　212

葎草　*Humulus scandens* (Lour.) Merr.　/　214

韭　*Allium tuberosum* Rottler ex Sprengle　/　216

芫荽　*Coriandrum sativum* L.　/　218

丝毛飞廉　*Carduus crispus* L.　/　220

萝藦　*Metaplexis japonica* (Thunb.) Makino　/　222

益母草　*Leonurus heterophyllus* Houttuyn　/　224

紫苏　*Perilla frutescens* (L.) Britt　/　226

美花风毛菊　*Saussurea pulchella* (Fisch.) Fisch.　/　227

刺儿菜　*Cirsium arvense* var. *integrifolium*　/　228

桔梗　*Platycodon grandiflorus* (Jacq.) A. DC.　/　230

羽叶鬼针草　*Bidens maximowicziana* Oett.　/　232

薄荷　*Mentha canadensis* Linnaeus　/　234

百日菊　*Zinnia elegans* Jacq.　/　235

月见草　*Oenothera biennis* L.　/　236

香薷　*Elsholtzia ciliata* (Thunb.) Hyland　/　238

苦瓜　*Momordica charantia* L.　/　239

万寿菊　*Tagetes erecta* L.　/　240

黑心金光菊　*Rudbeckia hirta* L.　/　241

鸭跖草　*Commelina communis* L.　/　242

红蓼　*Polygonum orientale* L.　/　243

胡枝子　*Lespedeza bicolor* Turcz.　/　244

向日葵　*Helianthus annuus* L.　/　246

秋英　*Cosmos bipinnatus* Cav.　/　248

败酱　*Patrinia scabiosaefolia* Link　/　250

大花圆锥绣球　*Hydrangea paniculata* var. *grandiflora* Sieb.　/　252

八宝　*Hylotelephium erythrostictum* (Miq.) H. Ohba　/　255

长裂苣荬菜　*Sonchus brachyotus* DC.　/　256

腺梗豨莶　*Siegesbeckia pubescens* Makino　/　258

蓝花矢车菊 *Cyanus segetum* Hill / 260

菊芋 *Helianthus tuberosus* L. / 261

紫玉簪 *Hosta albo-marginata* (Hook.) Ohwi / 262

荞麦 *Fagopyrum esculentum* Moench / 264

尼泊尔蓼 *Polygonum nepalense* Meisn. / 265

藜 *Chenopodium album* L. / 266

第五章

长白山区主要有毒蜜源植物

第一节 概述 / 269

第二节 分述 / 270

兴安杜鹃 *Rhododendron dauricum* L. / 270

白屈菜 *Chelidonium majus* L. / 272

毛茛 *Ranunculus japonicus* Thunb. / 274

大麻 *Cannabis sativa* L. / 276

曼陀罗 *Datura stramonium* L. / 278

藜芦 *Veratrum nigrum* L. / 279

乌头 *Aconitum carmichaelii* Debx. / 280

主要参考文献 / 282

附：长白山区放蜂路线图 / 283

拉丁名索引 / 284

中文索引 / 286

第一节　地理地貌

长白山位于我国吉林省东南，是鸭绿江、松花江和图们江的发源地。地处中温带，属于温带湿润半湿润气候区。

长白山国家级自然保护区是长白山地区自然资源的核心区域，位于安图县、抚松县、长白朝鲜族自治县3个县境内。保护区自然环境复杂多样，动植物资源十分丰富，生态系统比较完整，是我国最重要的温带森林生态系统保护区和生物多样性关键地区。

白云峰是长白山的主峰，也是我国东北部最高峰，海拔2 691m。地势特征是以长白山主峰为中心向四周逐渐降低。可分为中心火山锥体、山麓倾斜熔岩高原和熔岩台地三大地貌单元，围绕火山中心呈现同心环状分布。

火山锥体底部半径约20km，从锥体底部向外，地势呈台阶状向下倾斜。至椎体坡脚，向下过渡到山麓倾斜熔岩高原。在倾斜熔岩高原的外缘分布着海拔600～1 100m的熔岩台地，面积约占火山区面积的70%。

广义的长白山指整个长白山脉，即东北地区东部山地的总称。山脉由多列东北—西南向平行褶皱断层山脉和盆、谷地组成。面积约28万km^2。最西列为吉林省境内的大黑山和向北延至黑龙江省境内的大青山；中列北起张广才岭，至吉林省境内分为两支：西支老爷岭、吉林哈达岭，东支威虎岭、龙岗山脉，向南伸延至千山山脉；东列为完达山、老爷岭和长白山主脉。

第二节　土壤资源

　　土壤是在气候、地貌、植被以及成土母质等成土条件的共同影响下形成的一个自然综合体。长白山区不仅植被、气候、地质地貌差异较大，土壤垂直分布也具有显著的山地土壤垂直地带谱特征，形成了特有的土壤类型。

　　山地暗棕色森林土分布于海拔1 100m以下，是分布最广的地带性土壤。土壤表层暗棕色，质地较粗，结构疏松，土层中厚。由于红松阔叶林可以产生大量的凋落物，故每年归还土壤的灰分量很高。

　　山地棕色针叶林土分布于海拔1 100～1 800m，母质以火山喷出岩为主。受母质的影响，土体黏化度低。该土壤没有明显的灰化和淀积化过程，铁、铝分解均匀，表层含量略高。

　　山地生草森林土分布于海拔1 800～2 000m，在火山锥体下部，处于森林向高山苔原的过渡地带。土壤的形成受森林和高山苔原植物的双重影响，母质的物理风化作用显著，化学风化作用较弱。土层较薄，但腐殖质含量较高。

　　高山苔原土分布于海拔2 000m以上，在火山锥体的上部。受气候条件影响，成土过程主要是自然力的物理破坏作用，质地疏松，表层泥炭化，腐殖质大量积累，土壤表现出明显的粗骨性和薄层性。

　　另外，隐地带性土壤还有白浆土、草甸土、沼泽土、泥炭土、冲积土、石质土。

第三节　气候资源

　　长白山虽然东临日本海，但是因山地阻隔，受海洋影响较小，气候属于温带大陆性山地气候，四季分明。总的特点是春季温度偏低，持续时间短，夏季温暖而多雨，秋季凉爽且多晴朗天气，冬季漫长而寒冷。

　　长白山区年平均气温－7.3～4.9℃。1月最冷，极端最低气温可达－44℃；7月最热，极端最高气温可达36℃，无霜期72～112d。红松阔叶林和针叶林带的年平均气温高于0℃，而岳桦林和高山苔原带的年平均气温低于0℃，达到－7.3～－6℃，与红松阔叶林的年平均气温相差10℃左右。≥10℃积温下降的陡度也较大，从红松阔叶林带的1 500℃下降到苔原

带的不足400℃。全区雨量充沛，年降水量为600～900mm，降水量和相对湿度随海拔的升高而增加，山顶部降水量可达1340mm，降水多集中在7、8月；山区全年多雾，以山顶部最多；春、冬季多大风。

随着长白山区海拔地不断升高，天气变得湿冷恶劣，对植物的分布和生长以及昆虫的生存和繁殖均产生显著的影响。该区气候特点主要是由地理地貌、大气环流等因素的综合作用形成。

第四节　植被资源

长白山植物由于受海拔高度及气候条件的影响，从山下至山上形成十分明显的垂直植物带谱：形成次生落叶阔叶林、针阔混交林、针叶林、岳桦林和高山苔原5个植物垂直带。海拔500m以下的阔叶林带，植被生物多样性最高，为昆虫等各种动物提供了优越的取食和栖息环境。

长白山野生植物资源十分丰富。有植物73目246科2 200余种。其中，高等植物56目187科1 727种。长白山地带性植被的植物区系属于长白植物区系，长白山为长白植物区系的分布中心。红松、白牛槭、小叶樟等为东亚东北部长白植物区系的代表种。随海拔的升高，植物区系发生明显的变化：分布于海拔1 100～1 800m的针叶林带，植物区系以南鄂霍次克区系成分为主；分布于海拔1 800～2 000m的岳桦矮曲林和亚高山沼泽草甸，植物区系主要以南鄂霍次克和极地区系成分为主；海拔2 000m以上的高山苔原带，植物区系以极地成分为主。长白山植物区系古老而复杂，既有核桃楸、水曲柳、黄波罗等第三纪孑遗植物，也有长白瑞香、刺楸等大量的亚热带华北植物成分，还有一些红皮云杉和臭冷杉等亚寒带南鄂霍次克区系成分。长白山有花植物近600种，且以被子植物占绝对优势，为访花昆虫的生存和繁衍提供了重要的物质基础。

长白山有花植物的花期强烈影响访花昆虫的物种组成及多样性的时间动态。花期主要分布在5～9月，绝大多数植物集中在6～8月开花，尤以7月开花植物的种类最多，占有花植物的70%～80%。随海拔高度的上升，植物开花期相应缩短。红松阔叶林带植物花期为5～9月，针叶林带植物花期为6～9月，而岳桦林带和苔原带的植物花期为6～8月。

春季蜜源植物

第一节 概述

　　长白山区春季蜜源植物多为辅助性蜜源，极少数能够取得商品蜜，但它们可以为蜂群春季繁殖提供高质量的蜜粉，对越冬后蜂群的恢复和增殖至关重要。春季蜜源植物中较早开花的是侧金盏花，于3月下旬至44月初开花，此时冰雪尚未完全消融，蜂群对该花的利用率较低，但能刺激蜂群的采集积极性，其作用不容小觑。4月中旬柳树开花，柳树作为长白山春季优质蜜源，在气温15℃以上时，蜜粉丰富，能够为蜜蜂提供大量的食物，满足春季蜂群恢复期的食物需求。进入5月，气候趋于稳定，榆树、梨树、色木槭、山楂、蒲公英、驴蹄草等多种辅助蜜源植物开花，为蜂群进入增殖期提供丰富的蜜粉源。

　　长白山春季平均气温4.8℃，平均降水量124mm，因受温带大陆季风的影响春季多刮西偏北风。春季天气的主要特征是升温快、降水少、多大风，天气冷暖变化幅度大。3月下旬日平均气温上升到0℃以上，4月下旬气温可升至10℃，5月气温回升更加明显。温度达到一定条件，植物才能够泌蜜吐粉，而且容易受雨雪、霜冻等天气影响。春季蜜源植物基本分布在海拔1 000m以下，且开花时间与所处海拔关系密切，一般海拔越低开花越早。

　　长白山春季蜜源植物中，裸子植物只有红松、油松等少数几种，绝大多数是被子植物，其中以双子叶植物居多，占总数的85%以上。按照

植物茎的形态可将蜜源植物分为草本植物和木本植物，且以木本植物居多，约占65%，草本植物约占35%。木本植物生长周期长，单体蜜粉量较大；草本植物密度大，总体蜜粉量较大。本章收录的长白山区常见春季蜜源植物近50种，隶属于21科。其中蔷薇科约占26%，豆科和毛茛科分别占9%，百合科和十字花科分别占7%。

长白山春季蜜源植物主要起到刺激蜂王产卵、工蜂哺育和雄蜂繁育等作用，影响蜂群的恢复速度和增殖强度，对下一步采集夏季主要蜜源作用重大。春季蜜蜂饲养的主要任务是保证蜂群越冬后顺利度过越冬蜂的更新时期，快速恢复和发展群势。春季蜜源期间的蜂群管理要点：①防治蜂螨。早春治螨宜使用低毒高效的杀螨药物，喷洒药物时撤出全部蛹脾和大幼虫脾。②做好蜂群保温。保证蜂多于脾，使蜜蜂能够护紧蜂脾；夜间蜂箱外盖上保温物，白天去掉保温物。③补充饲料和水。外界蜜粉源情况不好时，给缺蜜的蜂群补充蜜脾，没有蜜脾以浓糖浆代替；春季气候变化多样，在蜂群周边设置喂水装置。

侧金盏花

Adonis amurensis Regel et Radde

毛茛科（Ranunculaceae）

别　　名：冰郎花、冰里花、冰凌花、冰凉花
识别特征：多年生草本植物。根茎短粗，多数
具黑褐色须根。茎在开花时高5～20cm，其后
可达30～40cm，近基部有数个淡褐色或白色膜
质鞘。叶在花后长大，叶片三角形，3回羽状全
裂，裂片披针形或线状披针形，先端锐尖，具
齿牙缘；茎中部的叶具长柄。花单一，顶生；萼
片白色或淡紫色；花黄色；雌、雄蕊均多数，
子房具一胚珠。瘦果卵形具皱纹，有毛，宿存
花柱弯曲。
生境分布：喜疏松湿润的腐殖质土壤，生于山
坡、林缘和草地中。
花　　期：3～4月。
养蜂价值：蜜+，粉+。开花早，对早春蜂群的
繁殖有重要促进作用。

多被银莲花

Anemone raddeana Regel

毛茛科（Ranunculaceae）

别　　名：两头尖

识别特征：多年生草本植物。根茎长2～3cm，粗3～7mm，植株高可达30cm。基生叶1，具长柄；叶3全裂，全裂片具细柄，2～3深裂，近无毛。花葶近无毛；苞片3，具柄，近扇形，长1～2cm，3全裂，中裂片倒卵形或倒卵状长圆形，近先端疏生小齿，侧裂片稍斜；花梗长1～1.3cm；萼片9～15，白色，长圆形，长1.2～1.9cm；花丝丝状，花药长圆形；心皮约30，子房密被短柔毛，花柱短。

生境分布：生于山坡、林下和草地中。

花　　期：4月。

养蜂价值：蜜+，粉+。早春能提供一部分蜜粉，有助于蜂群繁殖。

杨树

Populus spp.

杨柳科（Salicaceae）杨属

别　　名：杨

识别特征：落叶乔木。单叶互生，有柄。雌雄异株，柔荑花序；花被杯状，雄蕊5～25枚；花丝分离，花药外向，子房2室。蒴果，2～4瓣裂。种子长圆形，有白色冠毛。花粉淡黄色。

生境分布：耐寒、耐旱，适应性强，野生或栽植。本属常见的有小叶杨（*P. simonii*）、青杨（*P. cathayana*）和山杨（*P. davidiana*）等。

花　　期：4月。

养蜂价值：蜜+，粉++。青杨、山杨花粉数量丰富，小叶杨于叶柄基部有蜜腺，有时分泌甜汁，为蜜蜂采集利用。为早春粉源植物之一。杨树也是优良的胶源植物。

东北延胡索

Corydalis ambigua Cham. et Schlecht

罂粟科（Papaveraceae）

别　　名：元胡

识别特征：多年生草本植物。地下有扁圆状球形块茎，茎粗1～1.5cm，茎单生或分歧，无毛，高15～25cm。叶具细柄，分裂成2回3出复叶，裂片倒卵形或长圆形，有1～2缺刻。总状花序顶生，苞片卵形，花冠蓝紫色，雄蕊6枚，成两体。蒴果，条形。

生境分布：生于林下，林缘草地。常见同属还有栉裂齿瓣延胡索（*C. turtschaninovii*）、山延胡索（*C. bulbosa*）。

花　　期：4～5月。

养蜂价值：蜜+，粉+。早春能为蜂群提供少量蜜粉，有助于蜂群繁殖。

柳树

Salix spp.

杨柳科（Salicaceae）柳属

别　　名：柳毛子

识别特征：落叶灌木或乔木，很少有常绿。单叶互生，有柄，通常披针形或线形，很少卵形，全缘或有锯齿，托叶小或大。花雌雄异株，无花被，排成柔荑花序，花生于苞叶腋内；雄蕊1或2或更多，花丝基部有蜜腺1～2枚；子房1室，有侧膜胎座2～4；柱头2。蒴果2裂。种子有绵毛。柳树花粉黄色，柳树蜜为琥珀色，有强烈的柳树皮味。

生境分布：适应性强，耐寒耐湿，喜光，常生于岸边、溪旁、河谷、山间平地。柳属在长白山区还有河边柳（*S. chaenomeloides*）、旱柳（*S. matsudana*）、垂柳（*S. babylonica*）、小叶柳（*S. hypoleuca*）等。

花　　期：4～5月。

养蜂价值：河边柳蜜+++，粉++；旱柳蜜++，粉++；小叶柳蜜++，粉+。柳树对春季蜂群恢复、发展，打好全年强群基础极为重要。个别地区可采集到柳树蜜。

榆树

Ulmus pumila L.

榆科（Ulmaceae）榆属

别　　名：榆、家榆、白榆

识别特征：落叶乔木，高大于10m。为速生树种。树皮暗灰色，粗糙，条状剥落。单叶互生，椭圆状卵形或椭圆状披针形，先端渐尖，基部楔形，边缘具不规则的重锯齿或单锯齿。早春先叶开花，多数成簇状聚伞花序，生于去年枝条的叶腋；花被4～5裂，基部呈筒状；雄蕊4～5枚。翅果，近圆形或倒卵状圆形，熟时黄白色。种子位于翅果中部。榆树花粉为紫黑色，质地较黏，蜜蜂易采。

生境分布：适应性强，耐寒、耐旱、耐潮湿、耐盐碱，适生沃土上，常见于平原地带的村庄附近、河堤两岸、田埂路旁等处。榆属的垂榆（*U. americana*）、黄榆（*U. macrocarpa*）、榔榆（*U. parvifolia*）、春榆（*U. davidavar*）等，皆为粉源植物。

花　　期：4～5月。

养蜂价值：粉+。能为蜂群提供优质花粉，对促进蜂群繁殖、提高幼虫质量有一定作用。

重瓣榆叶梅

Amygdalus triloba f. *multiplex*

蔷薇科（Rosaceae）

别　　名：小桃红、榆叶弯枝
识别特征：多年生木本植物，高2～3m。枝紫褐色。叶宽椭圆形至倒卵形，缘有不等的粗重锯齿。花单瓣至重瓣，紫红色，1～2朵生于叶腋。核果红色，近球形，有毛。
生境分布：栽培种，用于观赏。
花　　期：4～5月。
养蜂价值：蜜+，粉+。早春能为蜂群提供一部分蜜粉，有助于蜂群繁殖。

山杏

Armeniaca sibirica (L.) Lam

蔷薇科（Rosaceae）

别　　名：杏树、辽杏、东北杏

识别特征：落叶小乔木，高4～15m。树皮暗灰色，深裂，小枝淡红褐色。单叶互生，叶宽椭圆形，叶缘倒锯齿。花粉红或白色，单生。核果近球形，黄色，向阳面偶具红点；核表面有皱纹；种仁味苦。

生境分布：生于阳坡杂木林中。栽培或野生。

花　　期：4～5月。

养蜂价值：蜜+，粉++。蜜粉丰富，对早春蜂群恢复和发展有利。

毛樱桃

Cerasus tomentosa (Thunb.) Wall.

蔷薇科（Rosaceae）

别　　名：樱桃、山樱桃、梅桃

识别特征：灌木。叶片卵形至椭圆状卵形，先端渐尖，基部楔形，边缘具锯齿。伞形花序或有梗的总状花序；萼筒宽倒圆锥形；花冠白色至粉色。果实近球形，红色。

生境分布：抗寒、抗旱，对土壤要求不严格，但在暖地疏松沙质土壤中生长最好。野生或栽培。

花　　期：4～5月。

养蜂价值：蜜++，粉+。花期早，蜜粉多，对早春蜂群繁殖作用大。

李

Prunus salicina Lindl.

蔷薇科（Rosaceae）

别　　名：李子、李树、山李子
识别特征：落叶小乔木，高4~6m。叶长圆状倒卵形或
椭圆状倒卵形，先端渐尖，基部近圆形或宽楔形，全缘，
托叶小，早落。总状花序，花冠白色。核果近肾形。
生境分布：适应性强，对土壤要求不严，分布广。
花　　期：4~5月。
养蜂价值：蜜+，粉+。开花较早，对早春蜂群恢复和发
展有一定作用。

葶苈

Draba nemorosa L.

十字花科（Brassicaceae）

别　　名：猫耳朵菜、冻不死草、葶苈子、宽叶葶苈、光果葶苈

识别特征：一年生草本植物，高10～20cm。基生叶莲座状，长倒卵形，边缘有细齿。总状花序有花，密集成伞房状，花后显著伸长，疏松；花瓣黄色，花期后成白色，倒楔形。短角果长圆形或长椭圆形。种子椭圆形，褐色，种皮有小疣。

生境分布：生于田边路旁，山坡草地及河谷湿地。

花　　期：4～5月。

养蜂价值：蜜+，粉+。开花较早，对早春蜂群恢复和发展有一定作用。

蒙古栎

Quercus mongolica Fisch. ex Ledeb.

壳斗科又名山毛榉科（Fagaceae）

别　　名：橡树、柞树、柞栎、蒙栎

识别特征：落叶乔木，高20～30m。树皮暗灰褐色，深纵裂，幼枝紫褐色，有棱，无毛。单叶互生，叶长倒卵形，叶缘具有7～10对波状圆钝锯齿。雄花序生于新枝下部，花序轴近无毛；花被6～8裂，雄蕊通常8～10；雌花序生于新枝上端叶腋，长约1cm，有花4～5朵，通常只1～2朵发育，花被6裂，花柱短，柱头3裂。壳斗杯形，直径1.5～1.8cm，壳斗外壁小苞片三角状卵形，呈半球形瘤状突起。

生境分布：广泛分布于长白山海拔300～800m的落叶杂木林和针阔混交林中。

花　　期：4～5月。

养蜂价值：蜜++。蒙古栎泌蜜情况不稳定，有的年份泌蜜，有的年份不泌蜜。泌蜜时较涌，能为蜂群提供较好蜜源，有助于蜂群繁殖。

白桦

Betula platyphylla Suk.

桦木科（Betulaceae）

别　　名：桦树、桦木、粉桦
识别特征：落叶乔木。树皮白色，起白粉，光滑，不剥裂。叶阔卵形或三角状卵形，先端略尖或渐尖，基部截形、圆形或阔楔形，边缘具不规则的深锯齿；叶柄长10～25mm，无毛。花粉淡黄色。
生境分布：生于山地阔叶混交林中。
花　　期：4～5月。
养蜂价值：粉+。花粉数量较为丰富，早春对蜂群繁殖有一定作用。

连翘

Forsythia suspensa (Thunb.) Vahl

木犀科（Oleaceae）

别　　名：黄寿丹、黄缓丹、缓带
识别特征：多年生木本植物，高1.5m左右。无毛。叶对生，一部分开成羽状3
出复叶。先花后叶，花黄色。蒴果卵形球状。
生境分布：野生也有栽培，生于山坡灌丛、林下或草丛中。
花　　期：4～5月。
养蜂价值：蜜+，粉+。早春能为蜂群提供蜜粉，有助于蜂群繁殖。

榛

Corylus heterophylla Fisch. ex Trautv.

桦木科（Betulaceae）

别　　名：榛子

识别特征：灌木或小乔木，高 1 ～ 7m。叶互生，卵圆形至倒卵形，先端凹缺或截形，基部心形，边缘具不规则重锯齿，先端常有小浅裂。雌、雄同株，花粉淡黄色。果实近球形，1 ～ 4 个生于枝顶，外有总苞包围坚果。

生境分布：生于山坡、林缘、杂木林中。

花　　期：4 ～ 5 月。

养蜂价值：粉+。开花较早，花粉丰富，对早春蜂群繁殖有一定作用。

顶冰花

Gagea lutea (L.) Ker-Gawl.

百合科（Liliaceae）

别　　名：漉林、朝鲜顶冰花

识别特征：多年生草本植物，高 10～30cm。基部无珠芽，鳞茎皮灰黄色。基生叶条形，花葶上无叶。花 2～5 朵，成伞形排列，黄绿色。蒴果近球形，种子近矩圆形。

生境分布：生于低山至中山的林缘、灌丛和草坡等处。

花　　期：4～5月。

养蜂价值：蜜++，粉++。能为蜂群提供丰富的蜜粉，有助于蜂群繁殖。

荠

Capsella bursa-pastoris (L.) Medic.

十字花科（Cruciferae）

别　　名：荠菜、荠荠菜

识别特征：一年或二年生草本植物，高20～50cm。茎直立，上部分枝。基生叶呈莲座状，平铺地上，有柄，长圆状披针形，羽状深裂；茎生叶狭披针形，基部抱茎，边缘有缺刻或锯齿，两面有毛。总状花序顶生和腋生，花白色。种子细小，椭圆形，红棕色。

生境分布：为常见杂草，生于田野、路旁、沟边和庭院等处。

花　　期：4～5月。

养蜂价值：蜜+，粉+。数量多，分布广，花期早，有蜜粉，对早春蜂群繁殖很有利。

山桃

Prunus davidiana Franch

蔷薇科（Rosaceae）

别　　名：野桃、花桃、山毛桃

识别特征：落叶乔木，高达10m。树皮暗紫色或灰褐色，枝条多直立。叶卵状披针形，先端长渐尖，基部宽楔形，边缘具细锐齿，两面无毛；叶柄常无毛，托叶早落。花瓣粉红或白色。核果球形，黄绿色，表面具黄褐色柔毛；核小，球形，有沟。

生境分布：生于山坡、沟旁、路边及林缘。

花　　期：4～5月。

养蜂价值：蜜++，粉+。花期早，有蜜粉，对早春蜂群恢复和发展有作用。

梨

Pyrus spp.

蔷薇科（Rosaceae）梨属

识别特征：落叶乔木。枝头有时具针刺，冬芽具有覆瓦状鳞片。单叶互生，在芽中为席卷状，叶边有锯齿或裂片，稀为全缘，具叶柄和托叶。花先于叶开放或与叶同时开放，伞形总状花序；萼片开展或反折；花瓣白色，稀为粉白色，有短爪，萼片通常反卷或开张，花粉粒黄色。果实为梨果，果肉中具石细胞。子房壁为软骨质，种子黑色或近于黑色。

生境分布：栽培或野生于平原、崖上或山坡。常见的培育品种有苹果梨、香水梨、南果梨等。

花　　期：4～5月。

养蜂价值：蜜++，粉++。花粉数量较多，气温25℃时泌蜜最多，对蜂群恢复和发展有利。

黄菖蒲

Iris pseudacorus L.

鸢尾科（Iridaceae）

别　　名：黄花鸢尾

识别特征：多年生草本，植株基部围有少量老叶残留的纤维。根状茎粗壮，斜伸，节明显，黄褐色。基生叶灰绿色，宽剑形。花茎粗壮，有明显的纵棱，上部分枝；花黄色，雄蕊长约3cm，花柱分枝淡黄色，长约4.5cm，子房绿色，三棱状柱形。

生境分布：野生或栽培，生于灌木林缘，阳坡地、林缘及水边湿地。

花　　期：5月。

养蜂价值：蜜+，粉++。能为蜂群提供蜜粉，有助于蜂群繁殖。

薤白

Allium macrostemon Bunge

百合科（Liliaceae）

别　　名：小根蒜、野蒜、小蒜、大脑瓜
识别特征：多年生草本植物，高5～10cm，鳞茎肥厚，近球形，外皮灰黑色，纸质。叶互生，基部鞘状抱叶先端狭条形，两面光滑无毛。伞形花序多花，密集成球，卵状长圆形，红色至粉红色。子房椭圆状球形，蒴果球状。
生境分布：分布广泛，生于山坡或林下。
花　　期：4～6月。
养蜂价值：蜜+，粉+。早春能为蜂群提供蜜粉，有助于蜂群繁殖。

蓝莓

Vaccinium spp.

杜鹃花科（Ericaceae）越橘属

别　　名：笃斯、笃柿、嘟嗜、都柿

识别特征：多年生木本植物，高2m左右。叶片单叶互生，稀对生或轮生，全缘或有锯齿。花序大部分侧生，有时顶生，花冠常呈坛形或铃形。蓝莓果实大小、颜色因种类而异，多数品种成熟时果实呈深蓝色或紫罗兰色。

生境分布：野生或栽培。

花　　期：4～6月。

养蜂价值：蜜++，粉+。能为蜂群提供丰富的蜜粉，大面积田间栽培有助于蜂群繁殖。

山里红

Crataegus pinnatifida Var.

蔷薇科（Rosaceae）

别　　名：红果、山楂、酸楂
识别特征：落叶乔木。枝有刺或无刺。叶宽卵形或三角状卵形，先端短渐尖，基部截形至宽楔形，通常两侧具3～5羽状深裂，先端短渐尖，边缘具锐锯齿，上面绿色具光泽，下面沿脉疏生短柔毛；托叶大，革质，镰形。伞房花序，多花；花萼钟状，花冠白色。果近球形，深红色，具浅色斑点。
生境分布：野生或栽培。分布于海拔100～1 500m的山坡林缘或灌丛中。
花　　期：5月。
养蜂价值：蜜+，粉+。开花约20d，对蜂群繁殖有重要作用。

苹果

Malus pumila Mill

蔷薇科（Rosaceae）

别　　名：柰、频婆

识别特征：落叶乔木，树高 10～15m。单叶互生，叶片卵圆形、卵形至宽椭圆形，先端渐尖，基部楔形，边缘具钝锯齿。伞房花序，花梗细长，密生绒毛；萼钟形，萼片卵状披针形；花白色或带粉色。梨果，球形或扁球形，果梗短粗。

生境分布：对土壤适应性较广，无论山地、沙滩、黏土及沙土都可正常成长。

花　　期：5月。

养蜂价值：蜜++，粉++。开花较早，蜜粉丰富，对促进蜂群繁殖和养蜂生产有重要价值。

树锦鸡儿

Caragana arborescens Lam.

豆科（Leguminosae）锦鸡儿属

别　　名：黄槐

识别特征：小乔木或大灌木，高2～6m。老枝深灰色，平滑，稍有光泽；小枝有棱，幼时被柔毛，绿色或黄褐色。羽状复叶有4～8对小叶；托叶针刺状；叶轴细瘦，长3～7cm，幼时被柔毛；小叶幼时被柔毛，或仅下面被柔毛。花梗2～5簇生，每梗1花，苞片小，刚毛状；花萼钟状；花冠黄色；子房无毛或被短柔毛。荚果圆筒形，无毛。

生境分布：耐寒耐旱，生于阳坡灌丛中，也常栽培于庭院。锦鸡儿属的还有锦鸡儿（*C. sinica*）等。

花　　期：5月。

养蜂价值：蜜+，粉+。开花泌蜜15d左右。有蜜粉，对蜂群繁殖和产浆有利。

山皂角

Gleditsia japonica Miq.

云实亚科，也称苏木科或皂荚科（Caesalpiniaceae）

别　　名：皂荚、皂角、山皂荚

识别特征：乔木，高达12m。老枝和树干有粗壮分支的棘刺，刺扁圆形或圆形。偶数羽状复叶互生，叶柄基部膨大，小叶长卵圆形至卵状披针形。穗状花序腋生，花冠黄绿色。荚果扁平弯曲扭转。

生境分布：栽培或野生。比较耐旱，适生土层深厚的中性及石灰质土壤。

花　　期：5～6月。

养蜂价值：蜜+++，粉++。蜜粉丰富，诱蜂力强，一般可供蜂群繁殖，数量多而集中处可取到蜜。

驴蹄草

Caltha palustris L.

毛茛科（Ranunculaceae）

别　　名：驴蹄菜、驴蹄叶、马跨草

识别特征：多年生草本植物。有多数肉质须根。茎高20～50cm，实心。基生叶3～7枚，具长柄，叶片圆形、圆肾形或心形，先端圆形，基部心形，边缘密生小牙齿，具长柄，茎生叶较小，具短柄或无柄。茎或分枝，顶端有2朵花组成的单枝聚伞花序，花黄色。种子狭卵球形，黑色，有光泽。

生境分布：生于沼泽地湿草甸及河岸。

花　　期：5～6月。

养蜂价值：蜜+，粉+。对春季蜂群发展和养王有作用。

色木槭

Acer mono Maxim.

无患子科（Sapindaceae）槭树属

别　　名：色树、五角枫、五角槭、地锦槭、水色树

识别特征：落叶乔木，高可达20m。单叶对生，掌状裂，裂片卵形，先端渐尖或尾状锐尖，基部稍为心形；全缘。伞房花序，生于枝顶。花及花粉均为淡黄色。

生境分布：喜肥沃湿润土壤，生于杂木林中、林缘及河岸两旁。槭树属的还有梣叶槭（*A. negundo*）、青楷槭（*A. tegmentosum*）、花楷槭（*A. ukurunduense*）、拧筋槭（*A. triflorum*）等。

花　　期：5～6月。

养蜂价值：蜜++，粉++。蜜粉丰富，蜂蜜琥珀色，其结晶为暗乳白色，气味芳香。对繁蜂、养王、修脾和产浆极为有利。如蜂群强壮、天气良好，每群蜂可产商品蜜5～10kg。

稠李

Padus avium Miller

蔷薇科（Rosaceae）

别　　名：臭李子、稠李子
识别特征：落叶乔木，高达15m。树皮黄褐带黑色，呈片状剥落。单叶互生，椭圆形或矩圆状卵形，先端渐尖，基部圆形或宽楔形，边缘具细锐锯齿，托叶条型，早落。总状花序，花冠白色。核果卵球形，熟时黑色。
生境分布：生于阔叶混交林中，常见于河流两岸、林缘、旷地。也有栽培。
花　　期：5～6月。
养蜂价值：蜜+，粉+。蜜粉丰富，有利于蜂群繁殖和发展。

葡萄

Vitis vinifera L.

葡萄科（Vitaceae）

别　　名：蒲陶

识别特征：木质藤本植物。枝条粗壮，幼枝光滑或有毛，卷须分枝。叶近圆形，基部心形，边缘具重锯齿。圆锥花序大而长，与叶对生，花黄绿色；花萼盘形。浆果，近球形，成熟时紫黑色或带绿色，有白粉。

生境分布：野生或栽培。

花　　期：5～6月。

养蜂价值：蜜+，粉+。蜜、粉均较丰富，有助于蜂群修脾和繁殖。

活血丹

Glechoma longituba (Nakai) kupr.

唇形科（Labiaceae）

别　　名：金钱草、连线草、连钱草、金钱艾、透骨消

识别特征：多年生草本植物。高10～30cm。叶草质，叶片心形或近肾形，叶柄常为叶片的1～2倍。轮伞花序，苞片及小苞片线形，花冠淡蓝、蓝至紫色，下唇具深色斑点。成熟小坚果深褐色，长圆状卵形。

生境分布：分布于海拔50～2 000m的林缘、疏林下、草地中、溪边等阴湿处。也可栽培。

花　　期：5～6月。

养蜂价值：蜜+，粉+。有助于蜂群繁殖。

草莓

Fragaria ananassa Duch.

蔷薇科（Rosaceae）草莓属

别　　名：高丽果、凤梨草莓
识别特征：多年生草本植物，高10～40cm。全体有绒毛，
匍匐生。基生3出复叶，小叶卵形或菱形，叶柄长2～8cm。
聚伞花序，花白色。聚合果肉质，球形或卵球形，鲜红色。
生境分布：喜肥沃、湿润、疏松土壤。林区有野生。可栽培。
草莓属的还有东方草莓（*F. orientalis*）等。
花　　期：5～6月。
养蜂价值：蜜++，粉++。诱蜂力强，为优良辅助蜜源植物。

锦带花

Weigela florida (Bunge) A. DC.

忍冬科 （Caprifoliaceae）

别　　名：锦带、五色海棠

识别特征：多年生木本植物，高
1～3m。叶矩圆形、椭圆形至
倒卵状椭圆形。花单生或成聚伞
花序生于侧生短枝的叶腋或枝
顶；花冠紫红色或玫瑰红色，外
面疏生短柔毛，内面浅红色。果
实顶有短柄状喙，疏生柔毛。种
子无翅。

生境分布：野生种分布于海拔
100～1450m的杂木林下或山
顶灌木丛中。可栽培。

花　　期：5～6月。

养蜂价值：蜜+，粉++。对春季
蜂群恢复和发展有作用。

刺槐

Robinia pseudoacacia L.

豆科（Leguminosae）

别　　名：洋槐

识别特征：落叶乔木，高10～25m。树皮灰褐色至黑褐色，浅裂至深纵裂，稀光滑。树叶根部有一对1～2mm长的刺。花为白色，有香味，穗状花序，可食用。果实为荚果，每个果荚中有4～10粒种子。

生境分布：栽培种，现被各地广泛引种。

花　　期：5～6月。

养蜂价值：蜜+++，粉+。为春季很好的辅助蜜源，部分地区为主要蜜源，可取到商品蜜。

红瑞木

Cornus alba L.

山茱萸科（Cornaceae）

别　　名：凉子木、红瑞山茱萸

识别特征：多年生木本植物，高3m左右。幼枝初被白色短柔毛。叶对生，椭圆形，先端突尖，基部楔形或阔楔形。聚伞花序顶生，总花梗圆柱形，花乳白色。核果长圆形，微扁，成熟时乳白色或蓝白色，花柱宿存。

生境分布：野生种生长于海拔600～1 700m的杂木林或针阔叶混交林中；多数地区栽培用于观赏。

花　　期：5～6月。

养蜂价值：蜜+，粉+。对早春蜂群恢复和发展有作用。

玉竹

Polygonatum odoratum (Mill.) Druce

百合科（Liliaceae）

别　　名：山苞米、黄精英

识别特征：多年生草本植物。根状茎细长，圆柱形，肉质，黄白色。茎直立或倾斜，圆形，高20～50cm。叶互生，叶片椭圆形至卵状椭圆形。花序腋生，花被筒状，乳白色。浆果蓝黑色。

生境分布：分布广泛，生长于低山至中山的山坡、林下、林缘及灌丛中。

花　　期：5～6月

养蜂价值：蜜+，粉+。对蜂群繁殖有作用。

毛果绣线菊

Spiraea trichocarpa Nakai

蔷薇科（Rosaceae）

别　　名：石蹦子

识别特征：多年生木本植物，高 1 ～ 2m。嫩枝被柔毛，老时脱落，冬芽有数枚褐色外露鳞片，疏被柔毛。叶长圆状披针形或披针形。圆锥花序长圆形或金字塔形；花瓣粉红色。

生境分布：野生种分布于溪流附近的杂木林中。少数地区栽培，用于绿化观赏。

花　　期：5 ～ 6月。

养蜂价值：蜜+，粉+。对蜂群繁殖有一定的作用。

老鹳草

Geranium wilfordii Maxim.

牻牛儿苗科（Geraniaceae）

别　　名：鸭脚老鹳草、鸭脚草、五叶草、老贯筋、老鹳嘴

识别特征：多年生草本植物，高30～70cm。叶对生或3片轮生，狭披针形。总状花序顶生；花萼筒状，三角形附属体线形，长于花萼裂片；花瓣紫红色，长椭圆形。蒴果椭圆形，全包于萼内。种子多数细小。

生境分布：广泛分布于1 800m以下的低山林下、草甸。

花　　期：5～6月。

养蜂价值：蜜+，粉+。对蜂群繁殖有作用。

金银忍冬

Lonicera maackii (Rupr.) Maxim.

忍冬科（Caprifoliaceae）忍冬属

别　　名：金银木、王八骨头、狗集谷、鸡骨头

识别特征：落叶灌木，高达6m。叶对生，卵状椭圆形至卵状披针形，先端渐尖或长渐尖，基部楔形或近圆形，全缘；叶柄长3～5mm，有柔毛。花腋生，总花梗短于叶柄，初开白色，后变黄色，花冠筒不膨大。浆果，球形，暗红色。

生境分布：生于山坡杂木林、林缘灌丛、溪流两岸。忍冬属的还有长白忍冬（*L. ruprechtiana*）、早花忍冬（*L. praeflorens*）等。

花　　期：5～6月。

养蜂价值：蜜++，粉++。泌蜜丰富，蜜蜂很爱在上午采集，对修脾、养王和繁殖椴树蜜采集蜂有作用。

辽东水蜡树

Ligustrum obtusifolium subsp. *suave* (Kitag.) Kitag.

木犀科（Oleaceae）

别　　名：对节子、钝叶水蜡树、崂山茶
识别特征：多年生木本植物，高2～3m。树皮暗灰色。叶片纸质，先端钝或锐尖，有时微凹而具微尖头，萌发枝上叶较大，长圆状披针形；叶柄长1～2mm，无毛或被短柔毛。圆锥花序着生于小枝顶端。果近球形或宽椭圆形。
生境分布：野生种分布于海拔60～600m的山坡、山沟石缝、山涧林下和田边、水沟旁。可栽培。
花　　期：5～6月。
养蜂价值：蜜++，粉++。对蜜蜂引诱性强，对蜂群繁殖有作用。

芍药

Paeonia lactiflora Pall.

毛茛科（Ranunculaceae）

别　　名：婪尾春

识别特征：多年生草本植物。茎丛生，高60～120cm。具肉质根。羽状复叶。花单生，单瓣或重瓣，白色或粉红色；宿存；雄蕊多数，蓇葖果。种子球形，黑色。

生境分布：野生种分布于山地草坡、草甸，比较耐寒，喜夏季凉爽气候。可栽培。

花　　期：5～6月。

养蜂价值：蜜+，粉++。花粉丰富，蜜蜂爱采集，对蜂群繁殖有作用。

白花碎米荠

Cardamine leucantha (Tausch) O. E. Schulz

十字花科（Cruciferae）

别　　名：假芹菜、白花石荠菜

识别特征：多年生草本植物，高30～80cm。全株被白柔毛。基生叶有长叶柄，顶生小叶片卵形至长卵状披针形，顶端渐尖；小叶阔披针形，较小。总状花序顶生，分枝或不分枝，花后伸长。子房有长柔毛，柱头扁球形；长角果线形，种子长圆形，栗褐色。

生境分布：分布于长白山中、低山带的林下湿润地、山地溪流旁等地。

花　　期：5～6月。

养蜂价值：蜜+，粉+。蜜蜂爱采集，对蜂群繁殖有作用。

山荆子

Malus baccata (L.) Borkh.

蔷薇科（Rosaceae）

别　　名：糖李子、山丁子、石枣、林荆子、山定子
识别特征：多年生木本植物，高达10～14m。叶片椭圆形，先端渐尖，基部楔形，叶缘锯齿细锐。伞形总状花序，花白色，基部有长柔毛。果近球形，红色或黄色。
生境分布：分布于海拔50～1 500m山坡杂木林中及山谷阴处灌木丛。
花　　期：5～7月。
养蜂价值：蜜++，粉++。春季能为蜂群提供丰富的蜜粉，有助于蜂群繁殖。

蒲公英

Taraxacum mongolicum Hand.

菊科（Asteraceae）蒲公英属

别　　名：婆婆丁

识别特征：多年生草本植物，株高10～30cm。全体具白色乳汁。根生叶莲座状平展，倒披针形，羽状深裂，先端钝或尖，基部狭细。花茎数个，总苞钟状，淡绿色；花序头状，黄色。

瘦果，冠毛白色。

生境分布：适应性很强，生于田野、荒地、田边。蒲公英属的还有朝鲜蒲公英（*T. coreanum*）、东北蒲公英（*T. ohwianum*）、白花蒲公英（*T. pseudoalfidum*）等。

花　　期：5～8月。

养蜂价值：蜜++，粉+++。花期较长，蜜粉丰富，蜜蜂爱采集。此期蜂群繁殖很快，幼虫饲料增多，生长集中处能修脾、养王、产蜜。

白车轴草

Trifolium repens L.

豆科（Leguminosae）

别　　名：白花三叶草、白三叶、荷兰翘摇、金花草

识别特征：多年生草本植物。主根细长，侧根发达，根瘤多。茎长30～60cm，匍匐生长。3出复叶，小叶倒卵形或倒心形，中央有灰色V形斑纹，叶缘有细齿，叶背光滑；托叶膜质，抱茎。花梗腋生，长约30cm，顶生总状花序；花小，20～40朵集成球状，白色或带粉色。荚果，种子心脏形，黄色或褐黄色。

生境分布：野生种多生于路旁、田边、地埂、隙地等处。可栽培。

花　　期：5～8月。

养蜂价值：蜜++，粉++。蜜为浅琥珀色，结晶洁白，甘甜清香，新蜜有豆香素味，贮放日久即消。花期长，开花泌蜜比较稳定，大小年不明显，对蜂群繁殖和发展有利。

（于凡　摄）

红车轴草

Trifolium pratense L.

豆科（Leguminosae）

别　　名：红花三叶草

识别特征：多年生草本植物。茎高30～60cm，有疏毛。3小叶；小叶椭圆状卵形，先端钝圆，基部圆楔形；托叶卵生，先端锐尖。头状花序腋生，具大型总苞，具纵脉；花冠淡红色。荚果倒卵形，种子1粒。

生境分布：喜温暖湿润气候，适生于土层深厚、土质疏松、排水良好的沙壤土上。

花　　期：5～9月。

养蜂价值：蜜++，粉++。花期长，蜜粉丰富，对蜂群繁殖和发展有利。

第三章

Chapter 3

夏季蜜源植物

CHANGBAISHANQU CHANGJIAN MIYUAN ZHIWU TUJIAN

第一节 概述

夏季蜜源植物对长白山区的养蜂生产最为重要，期间能够生产商品蜜的有椴树、草木犀、紫穗槐等，其中椴树是最优质、最主要的商品蜜源植物。长白山区拥有椴树60多万hm²，包括糠椴和紫椴两种，是长白山温带红松阔叶林的重要组成部分，也是长白山极富经济价值的优良树种。8～10年生的椴树开始开花，具浓郁香气，泌蜜量大，素有"蜜库"之称。

椴树蜜丰收年，蜜蜂群产可达60kg以上，歉收年群产也有10～30kg，只有极个别年份绝收。椴树蜜呈浅琥珀色，其结晶颗粒洁白细腻，味道醇厚甘甜，是蜂蜜中难得的佳品。

长白山夏季平均气温22.1℃，平均降水量449mm。夏季气温高，尤其是7月，日平均气温可达22℃以上；降水量明显增多，降水天数25d左右。阵雨或小雨的天气，如果持续时间不长，对椴树蜜的分泌及蜂

群采集影响不大；如果降雨量大或者伴有冰雹，持续时间长，对椴树蜜的分泌和蜜蜂的采集影响很大，易引起椴树泌蜜终止，常常造成减产或绝收。

长白山区夏季蜜源植物均是被子植物，其中双子叶植物占总数的90％以上。按照植物茎的形态可将夏季蜜源植物分为草本、木本和藤本植物。以草本植物居多，约占80％，木本植物约占17％，藤本植物约占3％。本章收录的长白山区常见的夏季蜜源植物近60种，隶属于34科。其中蔷薇科约占16％，豆科约占10％，葫芦科、毛茛科和茄科共计约占19％，椴树科虽然只有紫椴和糠椴2个种，却是长白山区最主要的蜜源植物。

长白山区的蜂群经过春季的恢复和增殖，进入了强群保持期，蜂群饲养的主要工作是集中力量生产蜂蜜、蜂王浆等产品。夏季蜜源期间的蜜蜂饲养管理要点：①选择合适的放蜂场地。选择在深山区和浅山区之间的阔叶混交林，椴树居多且树龄差别较大，并有草本蜜源的地方。②组织采蜜群。采蜜群在流蜜期需要较多的巢脾贮存、酿造花蜜；群势要大，流蜜前不低于13框蜂。③控制分蜂热。炎热天气给蜂群遮阳降温，及时打开沙盖降温；随着群势增加适时加脾或叠加继箱；以强群蛹脾换回新分群的卵虫脾，使蜂群处于积极的采集状态。

第二节 分述

尖萼耧斗菜

Aquilegia oxysepala Trautv. et Mey

毛茛科（Ranunculaceae）

别　　名：血见愁

识别特征：多年生草本植物，高50～100cm。基生叶为2回3出复叶，小叶菱状倒卵形，茎生叶与基生叶同型。花多数，集成聚伞花序；苞片披针形；花梗密生腺毛；萼片5，紫红色，花瓣5，淡黄色，先端呈螺旋状弯曲的距，紫红色；雄蕊多数，花丝白，花药黑。

生境分布：分布广泛，常生长于林缘、林下、沟旁。

花　　期：5～6月。

养蜂价值：蜜+，粉++。对蜂群繁殖有利。

东北接骨木

Sambucus williamsii Hance.

忍冬科（Caprifoliaceae）接骨木属

别　　名：马尿骚

识别特征：多年生木本植物，高达5～6m。奇数羽状复叶对生，小叶长圆形，有毛，叶缘细锯齿较密。花叶同放，圆锥聚伞花序顶生，花冠黄绿色，花药黄色。浆果状核果红色，近球形。

生境分布：野生种分布于海拔540～1 600m的山坡、灌丛、沟边、路旁、宅边等地。栽培种用于园林绿化。

花　　期：5～6月。

养蜂价值：蜜+，粉++。花粉丰富，蜜蜂爱采集，对蜂群繁殖有作用。

珠果黄堇

Corydalis speciosa Maxim.

罂粟科（Papaveraceae）

别　　名：山黄堇、黄花地丁、黄堇

识别特征：多年生木草本植物，高40～60cm。下部茎生叶，具柄；上部的近无柄。总状花序在茎和腋生枝的顶端，密具多花；花金黄色，近平展或稍俯垂。蒴果线形，长约3cm，俯垂，念珠状。

生境分布：广泛分布于林缘、路边。

花　　期：5～7月。

养蜂价值：蜜+，粉+。对蜂群繁殖有利。

缬草

Valeriana officinalis L.

败酱科（Valerianaceae）

别　　名：欧缬草、媳妇菜、拔地麻

识别特征：多年生草本，高1～1.5m。茎生叶
卵形至宽卵形，羽状深裂，基部下延。伞房花
序顶生；小苞片中央纸质，两侧膜质；花冠淡
紫红色或白色，裂片椭圆形。瘦果长卵形。

生境分布：分布于海拔2 500m以下的山坡、草
地、林下、沟边。

花　　期：5～7月。

养蜂价值：蜜+，粉+。对蜂群繁殖有利。

辣椒

Capsicum annuum L.

茄科（Solanaceae）

别　　名：辣子、红海椒
识别特征：一年生草本植物，高30～50cm。单叶互生，
卵形或卵状披针形，全缘。花单生于叶腋，花梗下垂；
花萼杯状，花冠辐射，白色。果下垂，熟时红色。种子
近圆形，扁平。
生境分布：栽培种。
花　　期：5～8月。
养蜂价值：蜜＋，粉＋。泌蜜中等，花粉较少，多为辅助
蜜源。

鹅肠菜

Myosoton aquaticum (L.) Moench

石竹科（Caryophyllaceae）

别　　名：繁蒌、滋草、狗蚤菜

识别特征：二年生或多年生草本植物，高
50～80cm。叶片卵形或宽卵形，顶端急
尖，基部稍心形，顶生二歧聚伞花序。苞片
叶状，花梗细，花后伸长并向下弯；花瓣白
色，裂片线形或披针状线形。蒴果卵圆形。
种子近肾形。

生境分布：分布于海拔350～2 700m的河
流两旁冲积沙地的低湿处或灌丛林缘和水沟
旁。

花　　期：5～8月。

养蜂价值：蜜+，粉+。蜜蜂爱采集，为常
见的辅助蜜源。

如意草

Viola arcuata

菫菜科（Violaceae）菫菜属

别　　名：菫菜

识别特征：多年生或一年生草本植物。叶根出或具直立或匍匐地上茎。花两性，两侧对称，单生，稀2花，萼片5；基部下延成附属物，花瓣5，下方1片大而有距；雄蕊5，花丝极短，花药环生于雌蕊周围，药隔顶端延伸成膜质附属物；子房1室3心皮。侧膜胎座，蒴果背裂。

生境分布：广泛分布于阔叶林、针阔混交林的林缘、灌丛、山坡及阴湿的草地处。菫菜属常见的还有球果菫菜（*V. collina*）、茜菫菜（*V. phalacrocarpa*）、紫花地丁（*V. yedoensis*）等。

花　　期：5～8月。

养蜂价值：蜜+，粉+。蜜蜂爱采集，为辅助蜜源。

黄檗

Phellodendron amurense Rupr.

芸香科（Rutaceae）

别　　名：黄柏、黄菠萝

识别特征：落叶乔木，高10～15m。树皮浅灰色，木栓质发达，深沟裂，内皮鲜黄色，味苦。奇数羽状复叶对生，柄短；卵状披针形，先端长渐尖，基部楔形或偏斜形，边缘具细锯齿。雌、雄异株。聚伞状圆锥花序顶生；花小，淡绿色。果为浆果状核果，熟时紫黑色。种子稍扁，黑色。

生境分布：生于阔叶混交林中。

花　　期：6月。

养蜂价值：蜜++，粉++。蜜粉丰富，能繁蜂和修脾，多数年份可生产蜂蜜，为椴树花前的好蜜源。

山刺玫

Rosa davurica Pall.

蔷薇科（Rosaceae）

别　　名：刺玫果、山玫瑰、刺玫蔷薇、红根

识别特征：直立灌木，多分枝，高1～2m。小枝及叶柄有刺。奇数羽状复叶，长圆形或阔披针形，先端尖或钝圆，基部圆形，边缘有锯齿；叶柄有腺体。花单生或2～3朵簇生，粉红色或玫瑰色，花粉黄色。果实球形、卵形或长圆形，熟时红色。

生境分布：生于山坡、林缘或灌丛中。

花　　期：6月。

养蜂价值：蜜+，粉++。花粉数量多，诱蜂力强，对蜂群繁殖和修脾有作用。

牛叠肚

Rubus crataegifolius Bge.

蔷薇科（Rosaceae）

别　　名：悬钩子、托盘、野马林

识别特征：直立灌木，高 1～2m。皮赤褐色，有刺。单叶，宽卵形或近圆形，3～5 掌状分裂，先端急尖，基部心形，边缘具不规则锯齿，背面脉上有短毛及小刺；托叶线形，有毛或钩刺。花 2～6 朵丛生或成短伞房花序，白色。聚合果，近球形，红色，有光泽，酸甜，略带苦涩味。

生境分布：生于高燥的山坡、林缘或灌丛间，群生或单生。

花　　期：6 月。

养蜂价值：蜜++，粉++。蜜粉丰富，蜜蜂爱采集，为优良辅助蜜源植物。

葱

Allium fistulosum L.

百合科（Liliaceae）

别　　名：大葱

识别特征：多年生草本植物。鳞茎圆柱形，外皮白色或红褐色。叶基生，圆柱形，中空，先端渐尖，叶鞘浅绿至白色，约与花葶等长。花葶单一，中空，绿色；伞形花序，球形，花冠钟状，白色。蒴果，三棱形。种子黑色。花粉黄色。

生境分布：栽培种。

花　　期：6月。

养蜂价值：蜜++，粉++。泌蜜丰富，蜜蜂特别爱采集，所产蜂蜜味特别，具葱的气味，浅琥珀色。

暴马丁香

Syringa reticulata Subsp. *amurensis*

木犀科（Oleaceae）

别　　名：暴马子、青杠子、白丁香
识别特征：落叶灌木或小乔木，高达6～8m。树皮暗灰褐色，有横线纹。单叶对生，卵形至宽卵形，或卵状披针形，先端突渐尖，基部阔楔形、圆形或截形，全缘；表面绿色，有光泽，背面带灰绿色。圆锥花序顶生，大而疏松，花冠白色；花筒较花萼略长；花粉淡黄色。蒴果，长圆形，先端钝，平滑或有小瘤。
生境分布：生于山坡阔叶混交林中、林缘与河岸。
花　　期：6月。
养蜂价值：蜜+，粉+。花极芳香，可见蜜蜂采集。

紫丁香

Syringa oblata Lindl.

木犀科（Oleaceae）

别　　名：丁香、丁香花、紫丁白、紫花丁香

识别特征：落叶灌木，高1.5～4m。树皮灰褐色，小枝黄褐色，疏生皮孔，初被短柔毛，后渐脱落。嫩叶簇生，后对生，卵形、倒卵形或披针形，叶片革质或厚纸质。圆锥花序直立，由侧芽抽生，近球形或长圆形，花淡紫色、紫红色或蓝色，花冠筒长6～8mm。

生境分布：喜阳，喜土壤湿润而排水良好。生于山坡阔叶混交林中、林缘与河岸。多见栽培。

花　　期：6月。

养蜂价值：蜜+，粉+。泌蜜较为丰富，花极芳香，诱蜂力强。

茶条枫

Acer tataricum Subsp. *ginnala* (Maximowicz) Wesmael

无患子科（Sapindaceae）

别　　名：茶条、茶枝子、茶条槭

识别特征：落叶小灌木，一般高约2m。单叶对生，卵状椭圆形或披针形、卵形或长卵形，先端长略尖，基部近圆形或稍心形，边缘具不规则的重锯齿。伞房花序顶生，花黄绿色，多而稠密。翅果。

生境分布：多生于河流两岸、山坡灌丛、疏林下，有时生于林缘。

花　　期：6月。

养蜂价值：蜜++，粉+。蜜粉丰富，蜜蜂爱采集。对蜂群繁殖、养王、分蜂、产浆和造脾等价值很大，生长集中处有时可以采集到商品蜜。

番茄

Lycopersicon esculentum Mill.

茄科（Solanaceae）

别　　名：西红柿、柿子
识别特征：一年生草本植物，高
50～100cm。全株被白柔毛。羽状复
叶。花黄色，生于聚伞状花序上；花
药合成圆锥状。浆果，近球形，熟时
红色或黄色。种子卵圆形，有毛。
生境分布：栽培蔬菜。在各种气候、
土壤条件下均能种植。
花　　期：6～7月。
养蜂价值：粉+。蜜蜂不爱采集。

黄瓜

Cucumis sativus L.

葫芦科（Cucurbitaceae）

别　　名：胡瓜

识别特征：一年蔓生或攀缘草本植物。茎被刚毛，卷须不分叉。叶片宽心状卵形，边缘具小锯齿。雌雄同株；雄花常数朵簇生，雌花单生。果实圆柱形，具刺尖或瘤状突起。种子扁平，白色。

生境分布：栽培蔬菜。

花　　期：6～7月。

养蜂价值：蜜++，粉++。蜜粉丰富，蜜蜂颇爱采集，对蜂群繁殖有利。部分地区黄瓜是重要的辅助蜜源植物之一。蜜蜂喜欢采集。

大山黎豆

Lathyrus davidii Hance

豆科（Leguminosae）

别　　名：大豌豆、豌豆花、野豌豆

识别特征：多年生草本植物，高1～1.8m。具块根。茎粗壮，具纵沟，无毛。托叶大，半箭形，全缘或下面稍有锯齿；叶轴末端具分枝的卷须；小叶常为卵形，具细尖，基部宽楔形或楔形，上面绿色，下面苍白色，具羽状脉。总状花序腋生，有花10余朵；萼钟状，无毛，萼齿短小；花白色、深黄色。子房线形，无毛。

生境分布：生于山坡、林缘、路旁、草甸等处。

花　　期：6～7月。

养蜂价值：蜜+，粉+。集中处对蜂群繁殖、王浆生产等有利。

稻

Oryza sativa L.

禾本科（Gramineae）

别　　名：水稻、籼稻、粳稻、旱稻

识别特征：一年生水生草本，高0.5～1.5m。叶鞘松弛，无毛，叶舌披针形。圆锥花序大型舒展，分枝多，棱粗糙，成熟期向下弯垂。颖果长约5mm，宽约2mm。

生境分布：栽培种。

花　　期：6～7月。

养蜂价值：蜜+，粉+。对蜂群繁殖有利。

唐松草

Thalictrum aquilegiifolium var. sibiricum

毛茛科（Ranunculaceae）唐松草属

识别特征：多年生草本植物。茎圆柱形或有棱，通常分枝。叶基生并茎生，小叶通常掌状浅裂。花序通常为聚伞花序，少有总状花序；花两性，雌雄异株；萼片黄绿色、白色、粉红色或紫色，无花瓣。花丝狭线形，瘦果椭圆球形或狭卵形。

生境分布：生于山间平原、林缘土质湿润处。唐松草属常见的还有唐松草（*T. aquilegifolium*）、翼果唐松草（*T. aquilegifolium*）、展枝唐松草（*T. squarrosum*）等。

花　　期：6～7月。

养蜂价值：蜜+，粉++。林区数量较多，为椴树花期重要粉源植物之一，对促进蜂群繁殖有一定作用。

紫穗槐

Amorpha fruticosa L.

豆科（Leguminosae）

别　　名：穗花槐、棉槐

识别特征：落叶灌木，高1～4m。羽状复叶，小叶11～25个，卵形、椭圆形或披针状椭圆形，先端圆或微凹，有短尖，全缘，基部圆形。穗状花序集生于枝条上部；花萼针状，花冠紫色；雄蕊10，伸出花冠外；花粉红色。荚果。

生境分布：耐寒、耐旱，在中性、酸性或碱性土壤上均能生长。多栽植于铁路、公路两侧和渠边、堤岸、河套等处。有野生分布。

花　　期：6～7月。

养蜂价值：蜜+，粉++。蜜粉丰富，花粉数量较多，蜜琥珀色，略有异味。对蜂群繁殖和保持群势很重要。对恢复刺槐、苕子蜜源后的蜂群群势及培育采集蜂的作用也很大。

草木犀

Melilotus officinalis (L.) Pall.

豆科（Leguminosae）草木犀属

别　　名：黄香草木犀、辟汗草、黄花草木樨、黄香草木樨

识别特征：二年生草本植物，高1～2m。茎直立、粗壮，多分枝，全株有香气。羽状3出复叶；托叶镰状线形，叶柄细长；小叶片倒卵形、阔卵形、倒披针形至线形，上面无毛、粗糙，下面散生短柔毛，顶生小叶稍大。总状花序腋生，花轴细长；外形极似穗状花序，蝶形花冠白色，花萼钟状，有微柔毛，萼齿三角形，花柱细长。荚果卵形。种子卵形，黄褐色，平滑。

生境分布：对土壤适应性很广，常见于山坡、灌丛、沟边、路旁、宅边等地。同属常见的还有白花草木犀（*M. albus* Medic. ex Desr.）等。

花　　期：6～7月。

养蜂价值：蜜+，粉+。对蜂群繁殖和保持群势有作用。

梓

Catalpa ovata G.Don

紫葳科（Bignoniaceae）

别　　名：梓树、花楸、水桐、臭梧桐、黄花楸

识别特征：乔木，高15m左右。叶片对生，有时轮生，阔卵形。圆锥花序顶生；花萼蕾时圆球形，花冠钟状、淡黄色；花丝插生于花冠筒上，花药叉开。蒴果线形，下垂。种子长椭圆形，两端具有平展的长毛。

生境分布：栽培种分布广泛，多栽培于村庄附近及公路两旁。野生种少见。

花　　期：6～7月。

养蜂价值：蜜+，粉+。花期较长，对蜂群持续繁殖有作用。

紫椴

Tilia amurensis Rupr.

椴树科（Tiliaceae）

别　　名：小叶椴、籽椴

识别特征：落叶乔木，树高可达20～25m。树皮灰褐色，纵裂，片状脱落。聚伞花序，具花3～20朵；苞片广披针形，有时线形或长圆形，长3.5～7cm，下部约1/2与总花梗愈合；具柄，萼片5，分离，外被白色星状毛；花瓣5，淡黄色，线形，稍长于萼片；雄蕊10～20枚，花丝细长，伸出冠外。子房球形，5室，具白色茸毛，柱头浅，5裂。坚果宿存，球形或长圆形，有时倒卵形，长5～8mm，密被褐色茸毛，平滑或具5棱。

生境分布：多生长在海拔200～1 200m的阔叶混交林或针阔叶混交林中。

花　　期：6～7月。

养蜂价值：蜜+++，粉++。紫椴是长白山林区夏季的主要蜜源，是我国极富经济价值的优良树种。椴树蜜浅琥珀色、味芳香，花粉深黄色。紫椴流蜜有大小年现象，但在深山区由于地势复杂、树龄较大、小气候差异等多种因素的影响，大小年不明显；浅山区大小年非常明显，往往一年丰收一年歉收。正常年群产蜜40～100kg。

辽椴

Tilia mandshurica Rupr. et Maxim.

椴树科（Tiliaceae）

别　　名：大叶椴、糠椴

识别特征：乔木，高20m。叶近圆形或广卵形，长7～12cm，宽6～11 cm，先端长尖，基部歪心形或截形；边缘具粗锯齿，叶柄长4～5 cm。聚伞花序下垂，有花3～15朵，花梗被白色茸毛；花冠比紫椴大，花瓣深黄色；子房密被褐色毛。果实扁球形或球形，外被褐色茸毛。

生境分布：主要生长在海拔200～1 200m的阔叶混交林或针阔叶混交林中，近些年由于采伐量较大，辽椴分布面积明显减少，但仍然是一个产蜜量较大的商品蜜源。

花　　期：7月。

养蜂价值：蜜+++，粉++。辽椴是长白山林区夏季的主要蜜源，是我国极富经济价值的优良树种。椴树蜜浅琥珀色、味芳香，花粉深黄色。糠椴流蜜有大小年现象，但在深山区由于地势复杂、树龄较大、小气候差异等多种因素的影响，大小年不明显；浅山区大小年非常明显，往往一年丰收一年歉收。正常年群产蜜40～100kg。

软枣猕猴桃

Actinidia arguta (Sieb. et Zucc) Planch. ex Miq.

猕猴桃科（Actinidiaceae）猕猴桃属

别　　名：软枣子

识别特征：大型落叶藤本植物。小枝基本无毛或幼嫩时星散薄被柔软绒毛或茸毛。叶膜质或纸质，卵形、长圆形、阔卵形至近圆形，顶端急短尖，基部圆形至浅心形，背面绿色。花序腋生或腋外生，苞片线形，花绿白色或黄绿色，芳香；萼片卵圆形至长圆形；花瓣楔状倒卵形或瓢状倒阔卵形，花丝丝状，花药黑色或暗紫色、长圆形箭头状。果圆球形至柱状长圆形，长 2 ~ 3cm，成熟时绿黄色或紫红色。

生境分布：生于阴坡的针阔叶混交林和杂木林中土质肥沃的地方，有的生于阳坡水分充足的地方。多攀缘在阔叶树上，枝蔓多集中分布于树冠上部。猕猴桃属常见的还有狗枣猕猴桃（*A. kolomikta*）等。

花　　期：6 ~ 7 月。

养蜂价值：蜜++，粉++。蜜粉丰富，不仅有利于蜂群繁殖，分布集中处有时可取到蜜和粉。

旋花

Calystegia sepium (L.) R. Br.

旋花科（Convolvulaceae）打碗花属

别　　名：宽叶打碗花、篱打碗花

识别特征：多年生草本植物。全身无毛，茎缠绕，具细棱。单叶互生，叶形多变，三角状卵形或宽卵形。花单生叶腋；苞片2，宽卵形；萼片5，卵圆状披针形；花冠粉红色，漏斗状。蒴果球形。

生境分布：分布广泛，生于低山地带，田野、路旁、荒地、篱笆墙上。打碗花属的还有打碗花（*C. hederacea*）、日本打碗花（*C. japonica*）等。

花　　期：6～7月。

养蜂价值：蜜++，粉+。蜜粉丰富，有利于蜂群繁殖。

金露梅

Potentilla fruticosa L.

蔷薇科（Rosaceae）

别　　名：金蜡梅、金老梅、棍儿茶、药王茶
识别特征：多年生木本植物，高0.5～2m。小枝红褐色。羽状复叶，叶柄被绢毛或疏柔毛；小叶片长圆形、倒卵长圆形或卵状披针形，两面绿色。萼片卵圆形，顶端急尖至短渐尖，花瓣黄色。花柱近基生，瘦果褐棕色近卵形。
生境分布：主要分布在长白山海拔1 100～1 400m稀疏的针叶林中以及亚高山岳桦林缘。
花　　期：6～7月。
养蜂价值：蜜＋，粉＋。有利于蜂群繁殖。

黄连花

Lysimachia davurica Ledeb.

报春花科（Primulaceae）

别　　名：黄花珍珠菜、狭叶珍珠菜、黄莲根、狗尾巴梢

识别特征：多年生草本植物，高40～80cm，上部被褐色短腺毛。基生叶片丛生，花时枯落，卵形、椭圆形或椭圆状披针形。花小，萼齿不明显；花冠钟形，黄色；花丝不等长，花药长圆形。瘦果长圆形，种子扁平。

生境分布：野生种分布较广，生长在海拔2 100m左右的草甸、林缘和灌丛中。栽培种多数地区栽培用于绿化。

花　　期：6～7月。

养蜂价值：蜜+，粉+。集中分布处有利于蜂群繁殖。

蚊子草

Filipendula palmata (Pall.) Maxim.

蔷薇科（Rosaceae）蚊子草属

别　　名：合叶子

识别特征：多年生草本植物，高约1m。茎有条棱，平滑。基生叶有长柄，顶生叶片最大，常成7～9裂，裂片卵状披针形，先端渐尖，边缘有缺刻状锯齿，托叶披针形。聚伞花序顶生，多花，小型；花萼卵形，边缘微红；花冠白色，花粉淡绿色。雄蕊比花瓣长。瘦果。

生境分布：适应性强、耐旱、耐寒、耐瘠，生于山间平原草地、山坡、林缘、路旁。蚊子草属还有翻白蚊子草（*F. intermedia*）等。

花　　期：6～7月。

养蜂价值：蜜+，粉+。蜜粉丰富，蜜蜂爱采集，对蜂群繁殖作用很大。有时在椴树歉收的年份还能取到蜜蜂采集的蚊子草蜜。

苦荬菜

Ixeris polycephala Cass.

菊科（Asteraceae）苦荬菜属

别　　名：苦荬、秋苦荬菜、鸭舌草、土蒲公英、苦丁菜
识别特征：多年生草本植物。高30～80cm。全株无毛，茎直立，多分枝。基生叶丛生，花期枯萎，卵形、长圆形或披针形；茎生叶互生，舌状卵形，无柄。头状花序排成伞房状，具细梗；外层总苞片小，内层总苞片8，条状披针形；舌状花，黄色。瘦果黑褐色，纺锤形，稍扁平，冠毛白色。
生境分布：生于山坡林缘、灌丛、草地、田野路旁。苦荬菜属的还有低滩苦荬菜（*I. debilis*）、山苦荬（*I. chinensis*）等。
花　　期：6～8月。
养蜂价值：蜜+，粉++。花粉深黄色，数量丰富，蜜蜂爱采集，对蜂群繁殖作用很大，是主要粉源植物之一。

154

茄

Solanum melongena L.

茄科（Solanaceae）

别　　名：白茄、茄子

识别特征：一年生草本至亚灌木，高1m左右。叶大，卵形至长圆状卵形，毛被较密，花后常下垂。因经长期栽培而变异极大，花的颜色及花的各部数目均有出入，一般有白花、紫花。果的形状大小变异极大，形状有长或圆，颜色有白、红、紫等。

生境分布：栽培种，在各种气候、土壤条件下均能种植。

花　　期：6～8月。

养蜂价值：蜜+，粉+。对蜂群繁殖有作用。

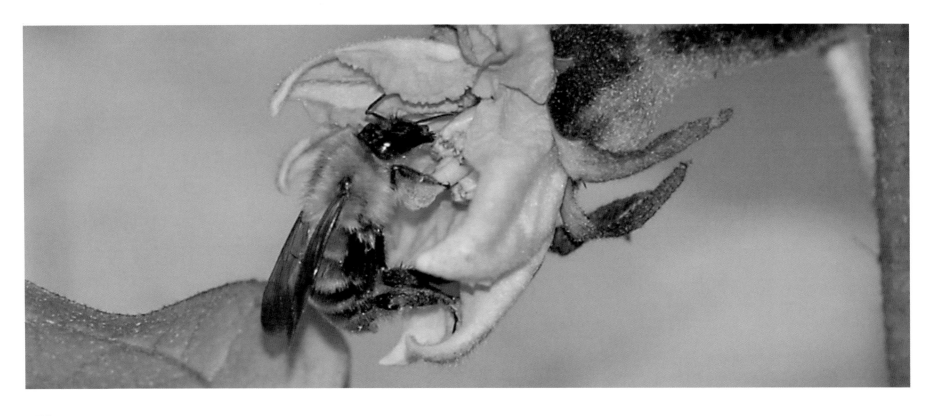

菜豆

Phaseolus vulgaris L.

豆科（Leguminosae）

别　　名：豆角、芸豆、架豆、芸扁豆

识别特征：一年生草本植物，高1.5～2.5m。被短柔毛。羽状复叶具3小叶，托叶披针形。总状花序比叶短，有数朵生于花序顶部的花；花冠白色、黄色、紫堇色或红色。种子4～6个，长椭圆形或肾形，种脐通常白色。

生境分布：栽培种，各地广泛栽培。

花　　期：6～8月。

养蜂价值：蜜+，粉+。蜜蜂对部分品种喜欢采集，有利于蜂群繁殖。

委陵菜

Potentilla chinensis Ser.

蔷薇科（Rosaceae）委陵菜属

别　　名：野鸡膀子、痢疾草、黄连尾

识别特征：多年生草本植物，高30～60cm。根肥大，木质化。茎丛生，直立或斜上，有白色绒毛。羽状复叶，基生叶有15～31小叶，小叶矩圆状倒卵形或矩圆形，羽状深裂，裂片三角状披针形，下面密生白色棉毛；叶柄长约1.5cm；托叶和叶柄基部合生；茎生叶和基生叶相似。聚伞花序顶生；花黄色，粗约1cm。瘦果卵形。

生境分布：生于山坡、沟边、路旁等地。委陵菜属的还有狼牙委陵菜（*P. cryptotaeniae*）、莓叶委陵菜（*P. fragarioides*）等。

花　　期：6～8月。

养蜂价值：蜜+，粉++。委陵菜种类和数量多，分布广，花期长，花粉丰富，对蜂群繁殖和养王有利。

柳兰

Chamerion angustifolium (L.) Holub.

柳叶菜科（Onagraceae）

别　　名：山棉花、红筷子
识别特征：多年生草本植物。根状茎广泛匍匐于表土层。植株高约1m以上，丛生，茎直立，枝圆柱状，无毛，通常不分枝，下部木质化。叶螺旋状互生，稀近基部对生，无柄；叶片披针状长圆形至倒卵形、线状披针形或狭披针形，两面无毛，边缘近全缘或稀疏浅小齿，稍微反卷，侧脉常不明显。总状花序顶生，粉红色；花药长圆形，初期红色，开裂时变紫红色，产生带蓝色的花粉；花粉粒常3孔，花开放时强烈反折，后恢复直立，柱头白色。
生境分布：生于林缘、山坡、草地、河岸草丛、火烧迹地和采伐迹地。
花　　期：6～8月。
养蜂价值：蜜+，粉++。蜜蜂爱采集，对蜂群繁殖有作用。

绣线菊

Spiraea salicifolia L.

蔷薇科（Rosaceae）

别　　名：柳叶绣线菊、空心柳、马尿溲
识别特征：多年生木本植物，高1 ~ 2m。叶片长圆披针形至披针形。长圆形或金字塔形的圆锥花序，花瓣粉红色。蓇葖果直立，无毛或沿腹缝有短柔毛，花柱顶生。
生境分布：生长于海拔200 ~ 900m的河流沿岸、湿草原、空旷地和山沟中。
花　　期：6 ~ 8月。
养蜂价值：蜜+，粉++。有利于蜂群繁殖。

黄蜀葵

Abelmoschus manihot (L.) Medicus

锦葵科（Malvaceae）

别　　名：秋葵、棉花葵、假杨桃、黄芙蓉
识别特征：一年生或多年生草本植物，植株高1～2m。疏被长硬毛。叶掌状5～9深裂，直径15～30cm，裂片长圆状披针形，具粗钝锯齿，两面疏被长硬毛，托叶披针形。花单生于枝端叶腋，小苞片4～5，卵状披针形，疏被长硬毛；萼佛焰苞状，5裂，近全缘，被柔毛，果时脱落；花大，淡黄色，内面基部紫色；雄蕊柱头紫黑色，匙状盘形。
生境分布：栽培种。
花　　期：6～8月。
养蜂价值：蜜+，粉+。大范围栽培有利于蜂群繁殖。

西瓜

Citrullus lanatus (Thunb.) Matsum. et Nakai

葫芦科（Cucurbitaceae）

别　　名：寒瓜
识别特征：一年生蔓生草本植物。茎被长柔毛，卷须分叉。雌雄同株，单生；花托钟状；花粉黄色。花冠黄色，辐射；雄蕊3，子房卵状。果实球形、椭圆形不等。种子扁平。
生境分布：广泛栽培。
花　　期：6～8月。
养蜂价值：蜜++，粉++。花粉、花蜜都较丰富，有利于蜂群繁殖，集中栽培地可以采到商品蜜。

（闫德斌　摄）

（闫德斌　摄）

甜瓜

Cucumis melo L.

葫芦科（Cucurbitaceae）

别　　名：香瓜

识别特征：一年生蔓生草本植物。茎被短刚毛，卷须不分叉。叶片近圆形或肾形，边缘有锯齿。雌雄同株，雄花常数朵簇生，雌花单生；萼片钻形；花冠黄色，钟状；花粉深黄色；子房长椭圆形，花柱极短。果圆形、椭圆形不等。种子扁平，长椭圆形，黄白色。

生境分布：广泛栽培。

花　　期：6～8月。

养蜂价值：蜜++，粉++。花粉丰富，质地较黏，蜜蜂易采集，携带花粉团大。为优良的辅助蜜源植物。北方对蜂群繁殖作用很大，集中栽培地可以采到商品蜜。

（闫德斌　摄）

（闫德斌　摄）

大豆

Glycine max (L.) Merr.

豆科（Leguminosae）

别　　名：黄豆

识别特征：一年生草本植物。小叶菱状卵形，先端渐尖，基部宽楔形或圆形，两面被长柔毛。总状花序腋生；花萼钟状，花冠白色或淡紫色。荚果，种子近圆形。大豆蜜琥珀色，结晶暗黄色，颗粒较粗。

生境分布：广泛栽培。

花　　期：7月。

养蜂价值：蜜+，粉+。大豆泌蜜有很大的地域性，要求特殊的自然条件，并受品种的限制，是偶然泌蜜的植物。部分栽培地区可取到商品蜜。

（闫德斌 摄）

辣蓼铁线莲

Clematis terniflora DC. var. *mandshurica* (Rupr.) Ohwi

毛茛科（Ranunculaceae）

别　　名：东北铁线莲、威灵仙、山辣椒秧
识别特征：多年生草本植物。蔓生或上升，以弯曲的叶柄攀缘于灌木的枝条上，茎多分歧，有纵棱。叶对生，卵形或卵状披针形，先端钝尖或稍圆，基部心形、圆形或截形。伞状花序，萼片白色。瘦果，卵形。
生境分布：生于向阳坡的灌丛、林缘、疏林内。
花　　期：7月。
养蜂价值：蜜+，粉+。对蜂群繁殖有利。

长柱金丝桃

Hypericum longistylum Oliv.

山竹子科或称藤黄科（Guttiferae）

别　　名：黄海棠、金丝蝴蝶、金丝桃、牛心茶

识别特征：多年生草本，高50～100cm。叶片狭长圆形至椭圆形或近圆形。花序1花，在短侧枝上顶生，花星状；花蕾狭卵珠形，先端锐尖；花瓣金黄色至橙色，无红晕，开张，倒披针形。蒴果卵珠形。种子圆柱形，淡棕褐色。

生境分布：生于海拔200～1 200m的山坡阳处或沟边潮湿处。

花　　期：7～8月。

养蜂价值：蜜+，粉++。对蜂群繁殖有利。

辽东楤木

Aralia elata (Miq.) Seem.

五加科（Araliaceae）

别　　名：刺嫩芽、刺老芽、龙牙楤木、虎阳刺

识别特征：灌木或小乔木，高1.5～6m。小枝棕色、疏生。叶互生，2回或3回羽状复叶，先端渐尖，基部圆形至心形，少数阔楔形。圆锥花序长30～45cm，伞房状，主轴短，花黄白色。

生境分布：分布较广，生长于海拔250～1 000m的林缘、灌丛及疏林中。

花　　期：7～8月。

养蜂价值：蜜++，粉++。蜜粉丰富，有利于蜂群繁殖。但由于其叶芽可食用且美味，辽东楤木这一蜜源植物人为破坏严重。

（高寿增　摄）

紫斑风铃草

Campanula puncatata Lamarck

桔梗科（Campanulaceae）风铃草属

别　　名：灯笼花、吊钟花、山小菜

识别特征：多年生草本植物，高20～100cm。基生叶心状卵形；茎生叶三角状卵形至披针形。花顶生于主茎及分枝顶端下垂；花萼裂片长三角形；花冠白色，带紫斑，筒状钟形。蒴果半球状倒锥形。种子灰褐色，矩圆状，稍扁。

生境分布：分布广泛，生长于山地林中、灌丛及草地中。同属中还有聚花风铃草（*C. glomerata* L.）等。

花　　期：7～8月。

养蜂价值：蜜+，粉++。有利于蜂群繁殖。

藿香

Agastache rugosa (Fisch. et Mey.) O. Ktze.

唇形科（Labiaceae）

别　　名：排香草、野苏子、猫把蒿、猫尾巴香、合香、山茴香

识别特征：多年生草本植物，高50～150cm。茎直立，四棱形。叶心状卵形至长圆状披针形。花冠淡紫蓝色；成熟小坚果卵状长圆形。

生境分布：野生种分布于林缘、山坡、河岸草地、山沟溪流旁或灌木丛间。可栽培。

花　　期：7～8月。

养蜂价值：蜜++，粉++。蜜粉丰富，有利于蜂群繁殖。

广布野豌豆

Vicia cracca L.

豆科（Leguminosae）野豌豆属

别　　名：鬼豆角、落豆秧、草藤、灰野豌豆
识别特征：多年蔓生草本植物，高45～150cm。
根细长，多分支。茎有棱，被柔毛。偶数羽状
复叶，叶轴顶端卷须有2～3分支。总状花序
与叶轴近等长；花多数，着生于总花序轴上部。
荚果长圆形或长圆菱形，先端有喙。
生境分布：生于山坡、林缘、路旁、草甸。
花　　期：7～8月。
养蜂价值：蜜++，粉+。在气温18℃时泌蜜，
在20～28℃时泌蜜最多。花期不怕雨浇，只要
气温高，雨一停蜜蜂就大量采集。对繁殖越冬
蜂、贮存越冬饲料有重要作用，分布集中处常
能采到商品蜜。

珍珠梅

Sorbaria sorbifolia (L.) A. Br.

蔷薇科（Rosaceae）

别　　名：东北珍珠梅、山高粱条子、山高粱

识别特征：丛生灌木，高约2m。单数羽状复叶，互生，小叶5～9对，无柄或近于无柄，阔披针形，先端长渐尖，基部圆形，边缘有重锯齿，叶脉背面显著。复总状圆锥花序顶生，花白色，雄蕊20；花柱侧生。蓇葖果，矩圆形，经冬不落。种子小，近圆形。

生境分布：生于林缘、路旁、岸边。

花　　期：7～8月。

养蜂价值：蜜+，粉+。花粉丰富，蜜蜂爱采集，对蜂群繁殖作用很大，为林区优良粉源植物之一。

车前

Plantago asiatica L.

车前科（Plantaginaceae）

别　　名：车轮菜、猪耳朵棵、车轱辘菜

识别特征：多年生草本植物，高20～60cm。须根发达。叶基生，卵圆形或椭圆形，顶端圆钝，边缘呈不规则波状浅齿，基部窄狭成柄，叶柄基部膨大。花葶数个，有短柔毛；穗状花序，花淡绿色。种子细小，黑色。

生境分布：适应性强，喜生于路旁、田埂、地边、荒地等处。

花　　期：7～8月。

养蜂价值：蜜+，粉+。花粉丰富，蜜蜂采集多在上午。

龙牙草

Agrimonia pilosa Ledeb.

蔷薇科（Rosaceae）

别　　名：仙鹤草

识别特征：多年生草本植物，高30～50cm。全株生黄白色粗毛。奇数羽状复叶，杂有小型小叶，无柄，长圆状披针形或卵状披针形，基部为宽楔形，边缘具锐锯齿，托叶卵形。总状花序如穗状，顶生；花黄色。瘦果卵形，包于具沟刺的萼内。

生境分布：生于林缘、山坡、岸边、草地、路旁。

花　　期：7～8月。

养蜂价值：蜜+，粉+。数量多，分布广，花粉丰富，对蜂群繁殖、修脾和产浆有利。

千屈菜

Lythrum salicaria L.

千屈菜科（Lythraceae）

别　　名：对叶莲、水柳、蜈蚣草、败毒草
识别特征：多年生草本植物，高60～150cm。茎直立，四棱或六棱形。叶对生或3叶轮生，狭披针形，无柄。总状花序顶生；花两性，数朵簇生于叶腋内；花紫红色。子房上位，蒴果包于萼内。
生境分布：喜湿润土壤，多生于水旁湿地。
花　　期：7～8月。
养蜂价值：蜜+，粉+。蜜粉丰富，蜜蜂爱采集，是一种有栽培价值的蜜源植物。

西葫芦

Cucurbita pepo L.

葫芦科（Cucurbitaceae）

别　　名：白瓜、角瓜

识别特征：一年生蔓生草本植物。茎粗壮，有糙毛，卷须分叉。叶三角形或卵状三角形，长分裂，边缘有不规则锯齿。雌、雄同株；单生，花黄色；萼片披针形；花冠钟状。果实长椭圆形、长圆形不等。种子扁平，白色。

生境分布：喜土层深厚、土质肥、湿润的土壤。

花　　期：7～8月。

养蜂价值：蜜++，粉++。蜜粉丰富，蜜浅琥珀色，芳香。对蜂群繁殖、王浆生产、泌蜡筑脾颇为有利，种植面积大的地方可取到商品蜂蜜。

轮叶婆婆纳

Varonicastrum sibiricum (L.) Pennell

玄参科（Scrophulariaceae）

别　　名：狼尾巴花、草本威灵仙、斩龙剑、轮叶腹水草
识别特征：多年生草本植物。根茎横走，生多数须根。高达1m，茎
　　　　　圆柱形至宽条形，顶端渐尖，边缘有锯齿。单叶4～6枚成层轮生，
　　　　　叶无柄或具短柄，叶片广披针形。穗状花序顶生，长尾状，花冠筒
　　　　　状、紫红色。
生境分布：生于林间草地、山坡、路旁。
花　　期：7～8月。
养蜂价值：蜜+，粉+。泌蜜丰富，蜜蜂爱采集，但分布比较分散。

大白花地榆

Sanguisorba sitchensis C. A. Mey.

蔷薇科（Rosaceae）

识别特征：多年生草本植物，高50 ～ 100cm。根茎粗大，棕褐色，常横走。基上部有分支，羽状复叶。顶生穗状花序，长圆柱形，先从基部开花；花白色，稀有稍带紫色。瘦果近圆形，有翅。
生境分布：生长于湿地及山坡等处，长白山高山苔原带可见。
花　　期：7 ～ 8月。
养蜂价值：蜜+，粉+。对蜂群繁殖、王浆生产等有利。

莲

Nelumbo nucifera Gaertn.

睡莲科（Nymphaeaceae）

别　　名：荷花、莲花、水芙蓉等

识别特征：多年生水生草本植物。根状茎横生，长而肥厚，有长节。叶片圆形，直径30 ～ 60cm，高出水面；叶柄常有刺，盾状着生。花单生于梗顶端，花大，红色、粉色或白色；雄蕊多数；花托倒圆锥形，花后膨大为莲房。坚果椭圆形或卵形。

生境分布：多为栽培，也有野生。

花　　期：7 ～ 8月。

养蜂价值：蜜+，粉++。花粉丰富，蜜蜂爱采集，有利于蜂群繁殖，为良好的粉源植物之一。

聚合草

Symphytum officinale L.

紫草科（Boraginaceae）

别　　名：爱国草、肥羊草、友谊草、紫根草、康复力、紫草根

识别特征：丛生型多年生草本植物，高30～90cm。根发达、主根粗壮，淡紫褐色。全株被向下稍弧曲的硬毛和短伏毛。叶卵形、长椭圆形或阔披针形，粗糙，叶繁茂。从茎顶或分枝顶部长出聚伞花序，花簇生，花冠筒状，上部膨大，淡红色或黄白色。

生境分布：野生种生于山林地带，为典型的中生植物。可栽培。

花　　期：7～8月。

养蜂价值：蜜++，粉+。蜜蜂爱采集，分布集中处有利于蜂群繁殖。

圆叶牵牛

Pharbitis purpurea (L.) Voigt

旋花科（Convolvulaceae）

别　　名：喇叭花、牵牛花、小花牵牛

识别特征：一年生缠绕草本植物。叶片圆心形或宽卵状心形，基部圆。花腋生，着生于花序梗顶端成伞形聚伞花序；花冠漏斗状，紫红色、红色或白色，花冠管通常白色。蒴果近球形，种子卵状三棱形，黑褐色或米黄色。

生境分布：野生种生于平地以至海拔2 800m的田边、路边、宅旁或山谷林内。栽培种用于园林绿化。

花　　期：7～8月。

养蜂价值：蜜+，粉+。蜜蜂爱采集，对秋季蜂群繁殖有一定价值。

蛇葡萄

Ampelopsis sinica (Miq.) W. T. Wang

葡萄科（Vitaceae）

别　　名：蛇白敛、假葡萄、野葡萄、山葡萄、绿葡萄、见毒消

识别特征：木质藤本植物。枝条粗壮，卷须分叉。叶硬革质，三角形或三角状卵形，先端渐尖，基部心形，边缘具粗锯齿，叶柄较短。聚伞花序与叶对生，具长总花梗；花小，黄绿色。浆果近球形，成熟时蓝紫色。

生境分布：生于低山林中、林缘灌丛、溪边。

花　　期：7～8月。

养蜂价值：蜜++，粉+。蜜蜂爱采集，蜜色浅淡，气味清香。对秋季蜂群繁殖有一定价值。

展枝沙参

Adenophora divaricata Franch.et Sav.

桔梗科（Campanulaceae）

别　　名：东北沙参、长白沙参
识别特征：多年生草本植物，高20～100cm。根胡萝卜状。茎直立，无毛或具疏柔毛。叶全部轮生，叶片常菱状卵形至菱状圆形。花序常为宽金字塔状，花蓝色、蓝紫色，极少近白色。
生境分布：生于海拔500m以下林下、灌丛和草地。
花　　期：7～8月。
养蜂价值：蜜＋，粉＋。蜜蜂爱采集，对秋季蜂群繁殖有一定价值。

龙葵

Solanum nigrum L.

茄科（Solanaceae）

别　　名：黑六天儿、黑甜甜、野海椒、苦葵、野辣虎
识别特征：一年生草本植物，高30～90cm。沿棱角具稀细毛，茎直立，多分枝。叶卵形全缘。花序短蝎尾状，腋生，裂片卵状三角形；花冠白色，辐状5裂；雄蕊5，生于花冠口，子房球形。浆果成熟后黑色。
生境分布：生于低山带农田间隙、路旁、荒地、人家附近。
花　　期：7～8月。
养蜂价值：蜜+，粉+。蜜蜂爱采集，对秋季蜂群繁殖有一定价值。

第四章

Chapter 4

秋季蜜源植物

第一节　概述

　　秋季蜜源植物是长白山区最后一个蜜粉源，期间有数十种山花、野草、农作物等开花。泌蜜量比较大的有胡枝子、荞麦、向日葵等，但是长白山区的荞麦和向日葵的种植面积大量缩减，数量有限，所以胡枝子成为长白山区秋季最主要的蜜源。

　　长白山秋季平均气温19.2℃，平均降水量234mm。8月平均气温22.3℃，昼夜温差小，降水天数12d左右；9月平均气温16.1℃，昼夜温差大，降水天数6d左右。9月中旬受低温寒潮等气候影响，大部分蜜源植物停止泌蜜。长白山区秋季蜜源植物多生长在浅山区树木矮小的次生林下和林缘。

　　长白山区秋季蜜源植物全部是双子叶被子植物。按照植物茎的形态可分为草本植物和木本植物，其中95%以上为草本。本章收录的长白山区常见的秋季蜜源植物近40种，隶属于16科。其中以菊科植物为主，约占40%；唇形科约占13%；蓼科和百合科共占13%。

　　长白山区的秋季蜜源花粉充足，有利于越冬蜂的繁育，少数的年份可以生产胡枝子蜜和杂花蜜。秋季蜂群饲养要掌握该期蜜源特点，适时繁殖适龄越冬蜂，这对蜂群的安全越冬意义重大。秋季蜜源期间的蜜蜂管理要点：①防治蜂螨。夏季蜜粉源结束，要及时治螨，这是繁殖越冬蜂之前治螨的良好时机。②捕杀胡蜂。秋季长白山地区胡蜂较多，常常袭击蜂群捕食蜜蜂，对蜂群有较大的危害，期间要饲养强群，加大巡查捕杀措施，减轻蜂群压力。③防止盗蜂。秋季后期蜜粉源逐渐稀少，要加强预防盗蜂的措施，保证不因盗蜂而破坏蜂群的繁殖。④繁殖越冬蜂。8月上、中旬在复壮基础上，增加产卵脾，8月下旬停止加脾，保证蜜粉充足。

艾

Artemisia argyi Lévl. et Van

菊科（Asteraceae）

别　　名：艾蒿

识别特征：多年生草本植物，高50～100cm。茎直立，中部以上有开展及斜生花序枝。叶互生，叶片羽状深裂或浅裂。头状花序多数，排列成大圆锥花序。瘦果长圆形，无毛。

生境分布：野生种分布广泛，低山及中山带的路旁、撂荒地及疏林缘稍肥沃处。可栽培。

花　　期：7～8月。

养蜂价值：粉++。花粉丰富，有利于蜂群秋季繁殖。

毛水苏

Stachys baicalensis Fisch. ex Benth.

唇形科（Labiaceae）

别　　名：水苏、水苏子、水苏草

识别特征：多年生草本植物。茎四棱形，上部有分枝，在棱和节上密生倒向至平伸的刚毛。叶对生，茎叶矩圆状条形。轮伞花序，由数轮组成假穗状花序；花萼钟状；花冠淡紫色至紫色；花柱丝状。小坚果，棕褐色，卵球形。蜜水白透明，结晶洁白细腻，有浓郁的水苏花香味。

花　　期：7～8月。

生境分布：喜土质深厚、疏松、肥沃、湿润的土壤。多生于岸边、溪边、壕沟、豆麦地、低洼地或撂荒地里。

养蜂价值：蜜++，粉+。泌蜜极为丰富，养蜂价值大。

玉蜀黍

Zea mays L.

禾本科（Gramineae）

别　　名：苞米、苞谷、玉米

识别特征：一年生高大草木，高1～4m。基部各节生支持根。茎秆粗壮。叶片阔长，条状披针形。雄花序顶生，由多数总状花序形成大圆锥花序；雌花序腋生，花柱细长，自总苞顶端伸出。

生境分布：栽培作物。

花　　期：7～8月。

养蜂价值：粉++。花粉丰富，淡黄色，有利于蜂群秋季繁殖。

圆苞紫菀

Aster maackii Regel.

菊科（Asteraceae）

别　　名：青菀、紫倩、小辫、返魂草

识别特征：多年生草本植物，高30～100cm。茎直立，中部以上多分枝。叶互生，革质，线状披针形，叶缘有稀疏锯齿。头状花序，单生于枝顶或排成伞房状；花瓣白色，略带淡紫色。

生境分布：生于山坡、山谷、沟旁、地边的土层深厚潮湿处，有的成片生长。

花　　期：7～8月。

养蜂价值：蜜+，粉++。花粉黄色，数量丰富，蜜蜂爱采集，对繁殖越冬蜂作用很大。

葎草

Humulus scandens (Lour.) Merr.

桑科（Moraceae）

别　　名：拉拉秧

识别特征：一年或多年生蔓生草本植物。全株具倒钩刺。单叶对生，但上部叶常互生，叶片掌状，边缘具粗锯齿，两面有刺毛，下面有小腺点；具长柄。花单性，雌雄异株，雄花小，黄绿色，成圆锥花序；雌花成短或近圆形的穗状花序。瘦果，卵形，坚硬，有褐色斑纹。

生境分布：适应性强，喜生于温暖、土壤稍湿润而肥沃的山谷、平原、田野、路边、河岸、沟旁及村屯的园篱边。

花　　期：7～8月。

养蜂价值：粉+++。花粉黄色，数量极多，在蜂群缺粉地区，蜜蜂大量采粉。

韭

Allium tuberosum Rottler ex Sprengle

百合科（Liliaceae）

识别特征：多年生草本植物。具根状茎。叶扁平，狭线形。伞形花序，花白色或微带红色。蒴果，倒心形，种子黑色。

生境分布：栽培蔬菜。

花　　期：7～8月。

养蜂价值：蜜++，粉+。分布广，数量多，花期长，泌蜜多，蜜浅琥珀色，气味芳香。蜜蜂爱采集，为重要的辅助蜜源。

芫荽

Coriandrum sativum L.

伞形科（Umbelliferae）

别　　名：香菜、胡荽、香荽

识别特征：一年生草本植物，高50～100cm。茎直立，有条纹。基生叶或茎下部的叶阔卵形或楔形深裂；上部叶细裂而成狭线形的裂片，叶的表面有光泽。复伞形花序顶生，花白色或淡紫色，子房下位。双悬果，近球形，光滑，果棱稍凸起。

生境分布：栽培种。

花　　期：7～8月。

养蜂价值：蜜++，粉++。泌蜜丰富，琥珀色，有强烈的芫荽香味。诱蜂力强。

219

丝毛飞廉

Carduus crispus L.

菊科（Asteraceae）

别　　名：飞廉、雷公菜、飞帘、大力王、老牛锉、鲜飞廉

识别特征：二年生草本植物，高1m左右。疏被毛或上部被蛛丝状棉毛。叶片羽状深裂，裂片边缘有刺齿。头状花序2～3个，生枝顶；花管状，紫红色。瘦果长椭圆形，顶端平截，粗糙。

生境分布：分布广泛，生于海拔400～3600m的田间、路旁或荒野外。

花　　期：7～8月。

养蜂价值：蜜++，粉+。优良蜜源植物。

萝藦

Metaplexis japonica (Thunb.) Makino

萝藦科（Asclepiadaceae）

别　　名：老鸹瓢、飞来鹤、赖瓜瓢

识别特征：多年生草本植物，长8m左右。幼时密被短柔毛，老时被毛渐脱落。叶膜质，卵状心形。总状式聚伞花序腋生或腋外生，具长总花梗；蓇葖叉生，纺锤形，平滑无毛。种子扁平，卵圆形。

生境分布：广泛分布于林边荒地、山脚、河边、路旁灌木丛中。

花　　期：7～8月。

养蜂价值：蜜+，粉+。蜜蜂爱采集。

益母草

Leonurus heterophyllus Houttuyn

唇形科（Labiaceae）

别　　名：益母蒿

识别特征：一年生或二年生草本植物，高
30 ～ 150cm。茎四棱形，四面凹下呈纵沟。茎
下部叶掌状3裂，裂片再分裂成条状小裂片；
中部叶通常3裂成长圆状裂片。花序上的叶条
形或条状披针形；轮伞花序，花淡粉红至淡紫
红，二唇形。小坚果三棱形，熟时黑色。

生境分布：喜肥沃湿润土壤。生于原野、路旁
及山坡草丛中。

花　　期：7 ～ 8月。

养蜂价值：蜜+++，粉++。花期长，蜜粉丰富，
蜜蜂爱采集，是一种很有栽培价值的蜜源植物。

紫苏

Perilla frutescens (L.) Britt

唇形科（Labiaceae）

别　　名：苏子、荏、白苏

识别特征：一年生草本植物，高60～120cm。茎四棱形，绿色或紫色。叶宽卵形，先端短尖或突尖，基部圆形或宽楔形，边缘具粗锯齿；叶柄长3～5cm，密被长柔毛。轮伞花序2花，组成顶生和腋生假穗状花序，花萼钟状；花冠白色至紫色；雄蕊4枚，花柱2裂。小坚果近球形，灰褐色。

生境分布：喜土质肥沃、疏松的土壤。野生种。各地有栽培。

花　　期：7～8月。

养蜂价值：蜜++，粉++。紫苏花期，东北地区在8月上旬至下旬，开花泌蜜长达20多天。蜜粉丰富，诱蜂力强，分布集中处常能取到商品蜜。

美花风毛菊

Saussurea pulchella (Fisch.) Fisch.

菊科（Asteraceae）

别　　名：球花风毛菊

识别特征：多年生草本植物，高达1 ～ 1.5m。茎直立，上部分枝。叶片长椭圆形，羽状深裂或全裂，裂片长线状披针形；基生叶或下部叶有柄，上部叶披针形，羽状浅裂或全缘。头状花序，多数在茎顶排成伞房状或圆锥状，有长柄；总苞广钟形，基部成截形；花浅紫色。瘦果，冠毛白色。

生境分布：生于灌丛、草甸、河岸、路边。

花　　期：7 ～ 8月。

养蜂价值：蜜+，粉+。耐寒性强，经轻霜尚能泌蜜，蜜蜂颇爱采集，对繁殖越冬蜂有利。

刺儿菜

Cirsium arvense var. *integrifolium*

菊科（Asteraceae）蓟属

别　　名：小蓟、枪刀菜

识别特征：多年生草本植物，高约1m。茎直立被白色丝状毛。叶椭圆形或椭圆状披针形，先端短尖，基部狭或钝圆，边缘齿裂，有刺，无柄。头状花序顶生，花紫红色。瘦果，椭圆形或卵形，略扁平。

生境分布：生于田野、路旁、荒山坡。蓟属常见的还有绒背蓟（*C. vlassovianum*）、大蓟（*C. japonicum*）、烟管蓟（*C. pendulum*）等。

花　　期：7～8月。

养蜂价值：蜜++，粉+。分布广，数量较多，花期很长，泌蜜丰富，蜜蜂爱采集，有利于蜂群繁殖，有的年份可成为秋季的主要蜜源。

桔梗

Platycodon grandiflorus (Jacq.) A. DC.

桔梗科（Campanulaceae）

别　　名：铃铛花

识别特征：多年生草本植物。根为胡萝卜形，长达20cm。皮黄褐色。茎高50～150cm，通常不分枝。叶片卵形至披针形，顶端尖锐，基部宽楔形，边缘有尖锯齿。花冠宽钟状，5裂，花蓝紫色。蒴果倒卵形。

生境分布：野生种生于山坡、草甸、林缘、路边潮湿处。有栽培。

花　　期：7～8月。

养蜂价值：蜜++，粉++。蜜粉丰富，蜜蜂整天采集，分布集中处，蜂群繁殖饲料略有结余。

羽叶鬼针草

Bidens maximowicziana Oett.

菊科（Asteraceae）鬼针草属

别　　名：婆婆针

识别特征：一年生草本植物，高50～80cm。茎4棱。单叶对生，有叶柄，叶片羽状深裂，裂片2～3对，条状披针形。头状花序有长梗，总苞片2层，花黄色，全部为两性筒状花。瘦果扁平，楔形，具四棱，顶端具芒状针刺2枚。

生境分布：生于荒野、村边、路旁及湿润的沙质土壤上。鬼针草属常见的还有鬼针草（*B. bipinnata*）、狼把草（*B. tripartita*）等。

花　　期：7～8月。

养蜂价值：蜜+，粉+。数量多，分布广，花期长，有蜜粉，有利于蜂群夏、秋季繁殖。

薄荷

Mentha canadensis Linnaeus

唇形科（Labiaceae）

别　　名：野薄荷、水薄荷、鱼香草、土薄荷
识别特征：多年生草本植物，高30～60cm。茎4棱形，
直立或稍倾斜。叶对生，矩圆状披针形或椭圆状披针
形，边缘有锯齿，两面均有毛。轮伞花序腋生；花萼筒
状钟形，有毛；花冠淡红色，紫色或白色。小坚果。
生境分布：喜阳光充足、土质肥沃而湿润土壤。分布于
山区半山区。
花　　期：7～8月。
养蜂价值：蜜++，粉+。是优良的蜜源植物。蜂蜜深琥
珀色，具薄荷香味，易结晶。

百日菊

Zinnia elegans Jacq.

菊科（Asteraceae）

别　　名：步步高、百日草、火毡花、鱼尾菊、节节高
识别特征：一年生草本植物，高 30 ～ 100cm。被糙毛或长硬毛。叶宽卵圆形或
长圆状椭圆形，基部稍心形抱茎。头状花序，单生枝端，无中空肥厚的花序梗；
舌状花深红色、玫瑰色、紫堇色或白色。瘦果倒卵状楔形。
生境分布：栽培种，供观赏用。
花　　期：7 ～ 9 月。
养蜂价值：蜜+，粉+。蜜粉丰富，有利于蜂群繁殖。

月见草

Oenothera biennis L.

柳叶菜科（Onagraceae）

别　　名：待宵草、夜来香、山芝麻

识别特征：一年生草本植物，高70～100cm。基部木质，疏生软毛。叶互生，边缘有弯缺状疏小齿。花两性，单生于茎上部叶腋，黄色，芬芳，夜间开放；花粉丰富，淡黄色；花瓣4，倒心形；雄蕊8；花柱长，柱头4裂。

生境分布：野生种生于山坡、田边地角。也有栽培。

花　　期：7～9月。

养蜂价值：蜜++，粉+++。由于夜间开花，蜜蜂清晨大量采集，对繁殖作用较大。

香薷

Elsholtzia ciliata (Thunb.) Hyland

唇形科（Labiaceae）

别　　名：山苏子、臭荆芥、小叶紫苏

识别特征：一年生草本植物，茎高30～100cm。钝4棱形，多分枝，棱上被倒毛。叶片卵形或椭圆状披针形，先端渐尖，基部楔形，边缘具锯齿。轮伞花序多花，组成偏向一侧、顶生的假穗状花序；苞片宽卵形；花冠淡紫色。小坚果，长圆形。

生境分布：生于山坡、路旁、田边、河岸。

花　　期：7～9月。

养蜂价值：蜜+++，粉++。数量多，分布广，花期长，蜜粉较为丰富，对繁殖越冬蜂贮存越冬饲料有一定作用，有时还能生产一部分商品蜜。

苦瓜

Momordica charantia L.

葫芦科（Cucurbitaceae）

别　　名：凉瓜

识别特征：一年生攀缘状草本植物，长达20cm。卷须不分叉。叶片近圆形，裂片矩圆状卵形，齿状或再分裂。雌雄同株，花腋生，具长柄，黄色。果实纺锤状，有瘤状凸起。种子矩圆形，两面有雕纹。

生境分布：我国大部分省份有栽培，以南部为多。

花　　期：7～9月。

养蜂价值：蜜+，粉+。数量较多，蜜粉丰富，有利于蜂群繁殖。

万寿菊

Tagetes erecta L.

菊科（Asteraceae）

别　　名：臭芙蓉、蜂窝菊、臭菊花

识别特征：一年生草本植物，高20～90cm。茎直立，光滑，粗壮，有细棱线。叶对生或互生，羽状深裂，裂片披针形，叶缘有齿。头状花序，单生于枝顶；花朵直径5～13厘米，花色有白色、黄色、橙红色及复色等，深浅不一。

生境分布：栽培种，用于观赏。

花　　期：7～9月。

养蜂价值：蜜+，粉+。花的气味强烈，蜜蜂采集。

黑心金光菊

Rudbeckia hirta L.

菊科（Asteraceae）

别　　名：黑心菊、毛叶金光菊

识别特征：一年或二年生草本植物，高30～100cm。全株被有粗糙的刚毛。叶互生，茎下部叶匙形，茎上部叶长椭圆形或披针形。头状花序单生，盘缘舌状花金黄色，有时有棕色环带，有时呈半重瓣；管状花暗棕色，聚集呈半球形突起。

生境分布：栽培种，用于观赏。

花　　期：7～9月。

养蜂价值：蜜++，粉+。蜜蜂爱采集。

鸭跖草

Commelina communis L.

鸭跖草科（Commelinaceae）

别　　名：蓝花草、碧竹子、翠蝴蝶、淡竹叶、兰花草、竹叶草、气死日头

识别特征：一年生草本植物，高 30 ～ 50cm。茎下部匍匐生根，上部直立。叶互生，披针形或卵状披针形。总苞片佛焰苞状，聚伞花序有花数朵，深蓝色，有长爪。

生境分布：分布广泛，生于阴湿处、田野、路旁等处。

花　　期：7 ～ 9 月。

养蜂价值：粉 ++。花粉丰富，蜜蜂爱采集。

红蓼

Polygonum orientale L.

蓼科（Polygonaceae）蓼属

别　　名：水蓬花、荭草、东方蓼、水红棵

识别特征：一年生草本植物，高1～2m。茎直立，多分枝。叶有长柄，叶片卵形或宽卵形，顶端渐尖，基部近圆形，全缘，两面密生绒毛。花序圆锥状，生于枝顶或叶腋；苞片宽卵形；花两性，淡红色或白色。瘦果近球形，扁平，黑色，有光泽。

生境分布：喜湿性颇强，生江边、河岸、沟旁和草甸子湿地上。蓼属常见的还有水蓼（*P. hydropiper*）、戟叶蓼（*P. thunbergii*）等。

花　　期：7～9月。

养蜂价值：蜜++，粉+。泌蜜丰富，常年可取到蜜，蜜蜂爱采集。

胡枝子

Lespedeza bicolor Turcz.

豆科（Leguminosae）

别　　名：苕条、杏条

识别特征：多年生落叶小灌木，高1～2m。树皮褐色，有棱。3出复叶，具长柄，小叶椭圆形或卵形，长3～5cm，宽1.5～2.5cm，先端圆形或微凹入，基部近圆形，全缘，表面绿色，背面灰绿色。总状花序，腋生，萼杯状，萼齿4，被白色短柔毛；花冠红紫色；旗瓣长约1.2cm；无爪，翼瓣长约1cm；有爪，龙骨瓣和旗瓣等长。荚果，斜卵形，种子褐色，倒卵形。

生境分布：多生于山坡、丘陵、撂荒地、林边、阔叶林缘或灌丛中。

花　　期：7～9月。

养蜂价值：蜜+++，粉++。开花流蜜期超过30d，是长白山地区秋季主要蜜源，是椴树花期以后的一个接续蜜源。蜜浅琥珀色，味清香，花粉土黄色，量多。对养秋王、培育越冬蜂、采秋蜜等有重要价值。

向日葵
Helianthus annuus L.

菊科（Asteraceae）

别　　名：葵花、向阳花

识别特征：一年生草本油料作物，高2～3m。茎直立，多棱角，粗壮，被硬刚毛，髓部发达。叶互生，宽卵形，长15～25cm，先端渐尖或急尖，基部心形，边缘有粗锯齿，两面被糙毛，具长叶柄。头状花序，单生茎顶或腋生，总苞片卵形或卵状披针形，被长硬刚毛；雌花舌状，橙黄色，不结实；两性花管状，花冠5齿裂；雄蕊5枚，聚合花药，花粉黄色，量较大。瘦果，倒卵形或椭圆形，稍扁，灰色或黑色。

生境分布：栽培作物。耐寒、耐旱、耐盐碱，适生于土层深厚、腐殖质含量高、结构良好、保肥保水力强的黑钙土和黑土及肥沃的冲积土上。

花　　期：7～9月。

养蜂价值：蜜+++，粉++。向日葵作为我国四大油料作物之一，数量多，分布广，花期长，蜜粉丰富，是农田区秋季主要蜜源。向日葵蜜为琥珀色，味清香，对夏、秋季养蜂生产和繁殖越冬蜂、储备越冬蜜具有重要价值。

秋英

Cosmos bipinnatus Cav.

菊科（Asteraceae）

别　　名：波斯菊、扫帚梅

识别特征：一年生草本植物，高100～150cm。茎上部多分枝。叶对生，2回羽状全裂，叶披针形，全缘。头状花序顶生；舌状花单轮，8枚；花白色至深红色。瘦果长圆形，冠毛白色。

生境分布：野生于山坡、草坪边缘。

花　　期：7～9月。

养蜂价值：蜜++，粉+。花期长，蜜粉丰富，蜜蜂爱采集，是夏、秋季蜂群繁殖的良好辅助蜜源植物。

败酱

Patrinia scabiosaefolia Link

忍冬科（Caprifoliaceae）

别　　名：黄花龙芽、黄花败酱

识别特征：多年生草本植物，高70～150cm。根状茎横卧，暗棕色，有特异臭气。基生叶片丛生，花时枯落，卵形、椭圆形或椭圆状披针形。大型疏散的聚伞花序顶生，花序轴鲜黄色，花萼极小，萼齿不明显，花冠钟形黄色；花丝不等长，花药长圆形。瘦果，长圆形，扁平种子。

生境分布：生于海拔50～2 600m的山坡林下、林缘和灌丛中以及路边、田埂边的草丛中。

花　　期：7～9月。

养蜂价值：蜜+，粉+。对蜂群繁殖有作用。

大花圆锥绣球

Hydrangea paniculata var. *grandiflora* Sieb.

虎耳草科（Saxifragaceae）

别　　名：大花水桠木、大花绣球、大花圆锥八仙花

识别特征：多年生草本植物，高 2 ～ 3m。叶片墨绿色，单叶对生或 3 叶轮生，长卵圆形或椭圆形，基部楔形或近圆形，先端渐尖，边缘有内弯细齿，嫩叶表面有毛，老叶表面无毛或散生刚伏毛；叶背绿色，散生刚伏毛。庞大的圆锥花序生于枝顶，直立或弯垂。

生境分布：栽培种。适应性强广泛栽培，用于公园、广场、街头绿化，也是盆栽和切花的好材料。

花　　期：7 ～ 10 月。

养蜂价值：蜜+，粉+。蜜蜂喜欢采集。

八宝

Hylotelephium erythrostictum (Miq.) H. Ohba

景天科（Crassulaceae）

别　　名：对叶景天、八宝景天、活血三七、白花蝎子草

识别特征：多年生草本植物，高30～70cm。块根胡萝卜状，地下茎肥厚，地上茎簇生。叶对生，边缘有疏锯齿，近无柄。伞房状聚伞花序着生茎顶，花密生，常见栽培有白色、粉红色或紫红色。

生境分布：野生种分布广泛，海拔450～1 800m的山坡草地或沟边。栽培种适应性极强，广泛栽培用于绿化。

花　　期：7～10月。

养蜂价值：蜜++，粉+。泌蜜丰富，蜜蜂极其爱采。

长裂苣荬菜

Sonchus brachyotus DC.

菊科（Asteraceae）

别　　名：野苦菜、取麻菜

识别特征：多年生草本植物，高50～100cm。茎含白色乳汁。基生叶具短柄，茎生叶互生，无柄，叶片披针形或长圆形，先端钝，基部呈耳状抱茎，边缘具稀疏的缺刻或成羽状浅裂。头状花序顶生，单一或呈伞房状，舌状花黄色。瘦果，长圆形，具4棱，冠毛细软。

生境分布：生于田野、路旁、荒地、村边。

花　　期：7～10月。

养蜂价值：蜜+，粉++。泌蜜丰富，蜜蜂爱采集，花粉黄色，团大，数量较多，黏着性强，有利于蜂群秋季繁殖。

腺梗豨莶

Siegesbeckia pubescens Makino

菊科（Asteraceae）

别　　名：豨莶草、豨莶

识别特征：一年生草本植物，高50～100cm。叶对生，上部叶较小，椭圆形、卵形或长椭圆状披针形，下部叶较大，阔卵形或卵状三角形。头状花序多数排列成圆锥花序，有密毛和腺毛。瘦果，倒卵形，黑色，平滑无毛。

生境分布：分布广泛，生于山坡、路边等处。

花　　期：8～9月。

养蜂价值：蜜+，粉+。蜜蜂喜欢采集。

蓝花矢车菊

Cyanus segetum Hill

菊科（Asteraceae）

别　　名：蓝芙蓉

识别特征：一年生草本植物，高20～65cm。基生叶长椭圆状披针形，全缘，有柄；中部或上部叶条形，下面具白色长毛，无柄。头状花序单生于枝顶；总苞钟状；花冠舌状，紫色至白色。瘦果，椭圆形，冠毛刺毛状。

生境分布：生于路旁、沟边等地。东北地区的林区有大量野生种分布。也常有栽培。

花　　期：8～9月。

养蜂价值：蜜＋，粉＋。有蜜粉，蜜蜂采集积极，对蜂群繁殖有作用。

菊芋

Helianthus tuberosus L.

菊科（Asteraceae）

别　　名：洋姜
识别特征：多年生草本植物，高1～3m。具块状地下茎，茎直立，上部分枝，被短糙毛或刚毛。基部叶对生，上部叶互生，矩卵形至卵状椭圆形，长10～15cm，宽3～9cm，边缘有锯齿，顶端急尖或渐尖，基部宽楔形，叶柄上部有狭翅。头状花序数个，生于枝端；总苞片披针形，开展；舌状花淡黄色；管状花黄色。瘦果，楔形，有毛。
生境分布：栽培种，多栽培于田边地角、房前屋后。
花　　期：8～9月。
养蜂价值：蜜+，粉++。花粉丰富，对秋季蜂群繁殖有一定价值。

紫玉簪

Hosta albo-marginata (Hook.) Ohwi

百合科（Liliaceae）

别　　名：紫萼、山玉簪

识别特征：多年生草本，高6～13cm。叶片狭椭圆形或卵状椭圆形，先端渐尖或急尖，基部钝圆或近楔形。花葶高可达60cm，数朵花；苞片近宽披针形，膜质；花单生，盛开时从花被管向上逐渐扩大，紫色。

生境分布：野生种生于山坡林下的阴湿地区；少数地区有栽培，用于观赏和药用。

花　　期：8～9月。

养蜂价值：蜜+，粉++。蜜蜂爱采集。

荞麦

Fagopyrum esculentum Moench

蓼科（Polygonaceae）

别　　名：甜荞、三角麦

识别特征：一年生草本植物，高50～100cm。茎直立，多分枝，光滑，淡绿色或红褐色。叶互生，下部叶有长柄，上部叶近无柄或抱茎；叶片三角形或卵状三角形，顶端渐尖，基部心形或戟形，全缘，两面无毛或仅沿叶脉有毛，托叶膜质，早落。花序总状或圆锥状，顶生或腋生，花梗细长；花冠白色或粉红色，密集，花被5深裂，裂片矩圆形；雄蕊8枚，基部有蜜腺8个，子房三角形，花柱3，柱头头状。

生境分布：粮食作物。喜冷凉湿润气候，耐贫薄，生育期短，适应性强。

花　　期：8～9月。

养蜂价值：蜜+++，粉++。对繁殖越冬蜂，采集越冬蜜，生产商品蜜和蜂花粉有重要价值。

尼泊尔蓼

Polygonum nepalense Meisn.

蓼科（Polygonaceae）

别　　名：头状蓼

识别特征：一年生草本植物，高30～50cm。叶子通常呈现两两互生及长针状，有柄。花朵则通常长成穗状，白色或粉红色；花药黑紫色。坚果卵形。

生境分布：分布广泛，山区水边湿地、耕地及田边路旁湿润地。

花　　期：8～10月。

养蜂价值：蜜+，粉+。蜜蜂喜欢采集。

藜

Chenopodium album L.

藜科（Chenopodiaceae）

别　　名：灰菜、粉仔菜、灰条菜、灰灰菜、灰藋、白藜

识别特征：一年生草本植物，高30～150cm。叶片菱状卵形至宽针形，边缘具不整齐锯齿；叶柄与叶片近等长；花两性，花簇于枝上部排列成穗状圆锥状或圆锥状花序。种子横生，双凸镜状。

生境分布：生于路旁、荒地及田间。

花　　期：8～10月。

养蜂价值：蜜+，粉+。部分地区蜜蜂爱采集。

第五章
Chapter 5

长白山区主要有
毒蜜源植物

CHANGBAISHANQU CHANGJIAN MIYUAN ZHIWU TUJIAN

第一节 概述

蜜蜂能够采集花粉，但采集的花粉或花蜜对蜜蜂或人有毒害的蜜源植物，统称为有毒蜜源植物。具体来说，就是能够使蜜蜂的幼虫或成年蜂等发病、致残或死亡的蜜源植物或者其对蜜蜂本身无毒，但人误食其蜂蜜或花粉后产生某种不适症状甚至导致死亡的蜜源植物，都是有毒蜜源植物。

据报道，有毒的蜂蜜多为黄、绿、蓝、灰色，并且舌尖尝试会有苦、涩、麻的感觉。有毒蜂蜜中毒症状与蜜源植物的毒性和摄入量有关。人误食有毒蜂蜜多表现为恶心、头晕、头疼、发热、乏力等，如误食后有上述症状，应该马上送医院救治。

一般认为，长白山区主要有毒蜜源植物包括杜鹃、白屈菜、乌头、大麻、曼陀罗、藜芦、毛茛、毒芹、苍耳等。这些植物对蜜蜂的正常繁殖均不构成较大威胁，至今也无人员中毒的记载。为了预防中毒事件的发生，应该防患于未然，养蜂安全生产要做好以下几个方面。

①正确选址。通过前期的充分调查，选择蜜源植物种类丰富，并且有毒植物稀少的场地放蜂。例如，椴树花期应该选择藜芦少的地方。

②有效回避。如果在蜜源植物较丰富同时有毒蜜源植物也较多的区域放蜂，根据正常蜜源植物和有毒蜜源植物花期和泌蜜吐粉特点，选择合适的进场和出场时间。例如，在椴树蜜场地，蜂场周边藜芦分布多的年份，应该在藜芦开花前转地或者提前将其砍除，预防蜜蜂中毒。

③严禁生产有毒蜜粉。在有毒蜜源植物开花期间，严禁生产蜂蜜和花粉，并在花期过后彻底清理蜂巢，防止蜂产品污染。

第二节　分述

兴安杜鹃

Rhododendron dauricum L.

杜鹃花科（Ericaceae）

别　　名：达子香

识别特征：落叶灌木，高0.5～2m，分枝多。幼枝细而弯曲，被柔毛和鳞片。叶片近革质，椭圆形或长圆形。花序腋生枝顶或假顶生，1～4花，先叶开放，伞形着生；花芽鳞早落或宿存；花冠宽漏斗状，粉红色或紫红色，通常有柔毛；雄蕊10，子房5室，密被鳞片，花柱紫红色，长于花冠。

生境分布：生于山地落叶松林、桦木林下或林缘。

花　　期：5～6月。

白屈菜

Chelidonium majus L.

罂粟科（Papaveraceae）

别　　名：山黄连、地黄连、牛金花、土黄连、八步紧、断肠草、山西瓜

识别特征：多年生草本植物，高0.3～1m。基生叶少，早凋落，叶片倒卵状长圆形或宽倒卵形。伞形花序多花，花梗纤细；花瓣倒卵形，长约1cm，全缘，黄色；花丝丝状，黄色，花药长圆形。蒴果狭圆柱形，具通常比果短的柄。种子卵形，暗褐色。

生境分布：生于山谷湿润地、水沟边、绿林草地或草丛中、住宅附近。

花　　期：5～8月。

毒　　性：蜜+，粉+。数量较多，蜜粉丰富，蜜蜂爱采。也有人说花粉对蜜蜂有毒，但不明显。白屈菜浸出液有杀虫活性，对蜜蜂是否有毒尚不清楚，有待进一步调查研究。对人有毒，引起中毒的主要成分是白屈菜碱。

毛茛

Ranunculus japonicus Thunb.

毛茛科（Ranunculaceae）

别　　名：老虎脚爪草、鱼疔草、鸭脚板、金凤花、毛芹菜、起泡菜、烂肺草

识别特征：多年生草本植物，高30～70cm。基生叶多数，叶片圆心形或五角形。聚伞花序有多数花，疏散；萼片椭圆形，生白柔毛；花托短小，无毛。聚合果近球形，直径6～8mm；瘦果扁平。

生境分布：分布广泛，生于海拔200～2 500m的田沟旁和林缘路边的湿草地上。

花　　期：5～8月。

毒　　性：蜜+，粉+。蜜蜂采集花蜜后会引起自身中毒。毛茛含有强烈挥发性刺激成分，与人的皮肤接触可引起炎症及水泡，内服可引起剧烈肠胃炎等中毒症状。

大麻

Cannabis sativa L.

桑科（Moraceae）

别　　名：火麻、野麻、胡麻、线麻、山丝苗、汉麻

识别特征：一年生草本植物，高1～3m。枝具纵沟槽，密生灰白色贴伏毛。叶掌状全裂，裂片披针形或线状披针形；叶柄长3～15cm托叶线形。花黄绿色，膜质，外面被细伏贴毛。瘦果为宿存黄褐色苞片所包，果皮坚脆，表面具细网纹。

生境分布：野生或栽培。田间地头广泛栽培。

花　　期：6～8月。

毒　　性：蜜+，粉++。蜜粉丰富，花粉毒性较大，蜜蜂采食后会引起中毒。对人有毒，服用过多会导致神经系统的抑制和功能紊乱。

曼陀罗

Datura stramonium L.

茄科（Solanceae）曼陀罗属

别　　名：醉心花、狗核桃

识别特征：草本或半灌木状，高0.5～1.5m。全体近于平滑或在幼嫩部分被短柔毛。叶广卵形，顶端渐尖，基部不对称楔形。花单生于枝杈间或叶腋，直立，有短梗，花冠漏斗状，下半部带绿色，上部白色或淡紫色。蒴果直立生，卵状，表面生有坚硬针刺或有时无刺而近平滑，成熟后淡黄色。

生境分布：野生种分布广泛，住宅旁、路边或草地上。少数地区作药用而栽培。曼陀罗属常见的还有紫花曼陀罗（*D. tatula*）等。

花　　期：6～10月。

毒　　性：曼陀罗花蜜和花粉对蜜蜂有毒，人误食曼陀罗蜜会有中毒反应。

藜芦

Veratrum nigrum L.

百合科（Liliaceae）

别　　名：大叶藜芦、大叶藜、憨葱、老寒葱、山葱、葱葵、大藜芦

识别特征：多年生草本植物，高0.6～1m。上部密生白色柔毛。叶互生，宽椭圆形、长圆状披针形或宽卵形。大圆锥花序顶生，主轴至花梗密生丛卷毛。蒴果卵状三角形。种子多数具翅。

生境分布：野生种分布广泛，生于海拔1 200～3 300m的山坡林下或草丛中。

花　　期：6～7月。

毒　　性：藜芦花蜜及花粉对蜜蜂有毒。蜜粉丰富，蜜蜂采食后抽搐、痉挛，有的来不及返回巢便死在花下。对采集蜂、幼虫和蜂王都有毒性。

（周海城　摄）

乌头

Aconitum carmichaelii Debx.

毛茛科（Ranunculaceae）乌头属

别　　名：草乌、附子花、金鸦、独白草
识别特征：多年生草本植物，高0.6～1.5m。叶片薄革质或纸质，五角形。顶生总状花序长6～10cm；轴及花梗多少密被反曲而紧贴的短柔毛；萼片蓝紫色，外面被短柔毛，上萼片高盔形。
生境分布：分布在山地草坡或灌丛中。乌头属的还有蔓乌头（*A. volubile*）、黄花乌头（*A. coreanum*）、长白乌头（*A. artemistaefolium*）等。
花　　期：7～9月。
毒　　性：乌头的花蜜和花粉对蜜蜂有毒。对人有毒，中毒症状：唇舌、四肢乃至全身发麻、头昏头痛、出汗、面色发白、心慌气虚等。

主要参考文献

长白山区
常见蜜源植物图鉴

中国科学院中国植物志编辑委员会, 2004. 中国植物志 [M]. 北京: 科学出版社.

严仲铠, 李万林, 1997. 中国长白山药用植物彩色图志 [M]. 北京: 人民卫生出版社.

尚丽娜, 2010. 长白山地区访花昆虫与蜜源植物的协同适应 [D]. 东北师范大学博士学位论文.

罗术东, 吴杰, 2018. 主要有毒蜜粉源植物识别与分布 [M]. 北京: 化学工业出版社.

孟庆繁, 高文韬, 2008. 长白山访花甲虫 [M]. 北京: 中国林业出版社.

祝廷成, 2003. 中国长白山植物 [M]. 北京: 北京科学技术出版社.

徐万林, 1992. 中国蜜粉源植物 [M]. 哈尔滨: 黑龙江科学技术出版社.

傅沛云, 1995. 东北植物检索表（第二版）[M]. 北京: 科学出版社.

长白山区放蜂路线图

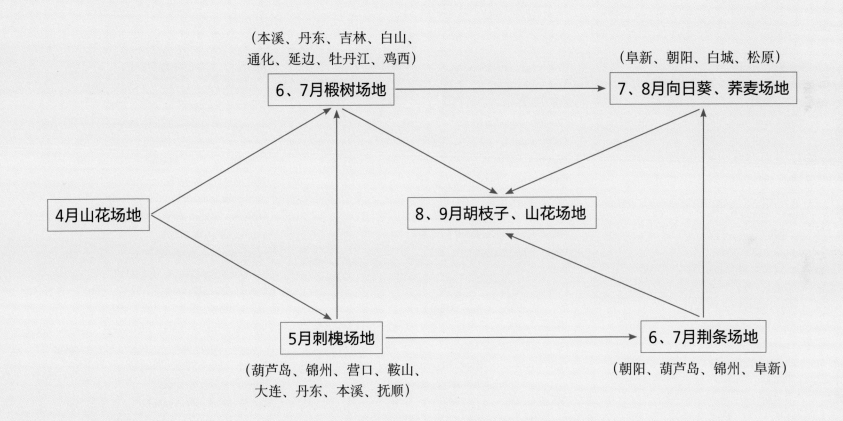

（本溪、丹东、吉林、白山、
通化、延边、牡丹江、鸡西）

6、7月椴树场地 →（阜新、朝阳、白城、松原）7、8月向日葵、荞麦场地

4月山花场地

8、9月胡枝子、山花场地

5月刺槐场地 → 6、7月荆条场地

（葫芦岛、锦州、营口、鞍山、
大连、丹东、本溪、抚顺）

（朝阳、葫芦岛、锦州、阜新）

拉丁名索引

长白山区
常见蜜源植物图鉴

Adonis amurensis Regel et Radde / 16

Anemone raddeana Regel / 18

Populus spp. / 20

Corydalis ambigua Cham. et Schlecht / 21

Salix spp. / 23

Ulmus pumila L. / 24

Amygdalus triloba f. multiplex / 26

Armeniaca sibirica (L.) Lam / 28

Cerasus tomentosa (Thunb.) Wall. / 30

Prunus salicina Lindl. / 32

Draba nemorosa L. / 34

Quercus mongolica Fisch. ex Ledeb. / 36

Betula platyphylla Suk. / 39

Forsythia suspensa (Thunb.) Vahl / 40

Corylus heterophylla Fisch. ex Trautv. / 42

Gagea lutea (L.) Ker-Gawl. / 44

Capsella bursa-pastoris (L.) Medic. / 47

Prunus davidiana Franch / 48

Pyrus spp. / 50

Iris pseudacorus L. / 53

Allium macrostemon Bunge / 54

Vaccinium spp. / 56

Crataegus pinnatifida var. / 59

Malus pumila Mill / 60

Caragana arborescens Lam. / 62

Gleditsia japonica Miq. / 64

Caltha palustris L. / 65

Acer mono Maxim. / 67

Padus avium Miller / 68

Vitis vinifera L. / 70

Glechoma longituba (Nakai) kupr. / 71

Fragaria ananassa Duch. / 72

Weigela florida (Bunge) A. DC. / 74

Robinia pseudoacacia L. / 76

Cornus alba L. / 78

Polygonatum odoratum (Mill.) Druce / 80

Spiraea trichocarpa Nakai / 82

Geranium wilfordii Maxim. / 84

Lonicera maackii (Rupr.) Maxim. / 86

Ligustrum obtusifolium subsp. *suave* (Kitag.) Kitag. / 89

Paeonia lactiflora Pall. / 90

Cardamine leucantha (Tausch) O. E. Schulz / 92

Malus baccata (L.) Borkh. / 95

Taraxacum mongolicum Hand. / 97

Trifolium repens L. / 98

Trifolium pratense L. / 100

Aquilegia oxysepala Trautv. et Mey / 104

Sambucus williamsii Hance. / 106

Corydalis speciosa Maxim. / 108

Valeriana officinalis L. / 111

Capsicum annuum L. / 112

Myosoton aquaticum (L.) Moench / 114

Viola verecunda A. Gray / 115

Phellodendron amurense Rupr. / 116

Rosa davurica Pall. / 118

Rubus crataegifolius Bge. / 120

Allium fistulosum L. / 122

Syringa reticulata Subsp. *amurensis* / 124

Syringa oblata Lindl. / 126

Acer tataricum Subsp. *ginnala* (Maximowicz) Wesmael / 128

Lycopersicon esculentum Mill. / 130

Cucumis sativus L. / 132

Lathyrus davidii Hance / 134

Oryza sativa L. / 136

Thalictrum aquilegiifolium var. sibiricum / 138

Amorpha fruticosa L. / 141

Melilotus officinalis (L.) Pall. / 142

Catalpa ovata G.Don / 144

Tilia amurensis Rupr. / 145

Tilia mandshurica Rupr. et Maxim. / 146

Actinidia arguta (Sieb. et Zucc) Planch. ex Miq. / 148

Calystegia sepium (L.) R. Br. / 149

Potentilla fruticosa L. / 150

Lysimachia davurica Ledeb. / 151

Filipendula palmata (Pall.) Maxim. / 152

Ixeris polycephala Cass. / 154

Solanum melongena L. / 156

Phaseolus vulgaris L. / 159

Potentilla chinensis Ser. / 160

Chamerion angustifolium (L.) Holub. / 162

Spiraea salicifolia L. / 164

Abelmoschus manihot (L.) Medicus / 167

Citrullus lanatus (Thunb.) Matsum. et Nakai / 168

Cucumis melo L. / 170

Glycine max (L.) Merr. / 172

Clematis terniflora DC. var. *mandshurica*
(Rupr.) Ohwi / 175

Hypericum longistylum Oliv. / 176

Aralia elata (Miq.) Seem. / 178

Campanula puncatata Lamarck / 180

Agastache rugosa (Fisch. et Mey.) O. Ktze. / 182

Vicia cracca L. / 184

Sorbaria sorbifolia (L.) A. Br. / 186

Plantago asiatica L. / 188

Agrimonia pilosa Ledeb. / 190

Lythrum salicaria L. / 192

Cucurbita pepo L. / 193

Varonicastrum sibiricum (L.) Pennell / 194

Sanguisorba sitchensis C. A. Mey. / 195

Nelumbo nucifera Gaertn. / 196

Symphytum officinale L. / 197

Pharbitis purpurea (L.) Voigt / 198

Ampelopsis sinica (Miq.) W. T. Wang / 200

Adenophora divaricata Franch.et Sav. / 202

Solanum nigrum L. / 203

Artemisia argyi Lévl. et Van / 206

Stachys baicalensis Fisch. ex Benth. / 208

Zea mays L. / 210

Aster maackii Regel. / 212

Humulus scandens (Lour.) Merr. / 214

Allium tuberosum Rottler ex Sprengle / 216

Coriandrum sativum L. / 218

Carduus crispus L. / 220

Metaplexis japonica (Thunb.) Makino / 222

Leonurus heterophyllus Houttuyn / 224

Perilla frutescens (L.) Britt / 226

Saussurea pulchella (Fisch.) Fisch. / 227

Cirsium arvense var. *integrifolium* / 228

Platycodon grandiflorus (Jacq.) A. DC. / 230

Bidens maximowicziana Oett. / 232

Mentha canadensis Linnaeus / 234

Zinnia elegans Jacq. / 235

Oenothera biennis L. / 236

Elsholtzia ciliata (Thunb.) Hyland / 238

Momordica charantia L. / 239

Tagetes erecta L. / 240

Rudbeckia hirta L. / 241

Commelina communis L. / 242

Polygonum orientale L. / 243

Lespedeza bicolor Turcz. / 244

Helianthus annuus L. / 246

Cosmos bipinnatus Cav. / 248

Patrinia scabiosaefolia Link / 250

Hydrangea paniculata var. *grandiflora* Sieb. / 252

Hylotelephium erythrostictum (Miq.) H. Ohba / 255

Sonchus brachyotus DC. / 256

Siegesbeckia pubescens Makino / 258

Cyanus segetum Hill / 260

Helianthus tuberosus L. / 261

Hosta albo-marginata (Hook.) Ohwi / 262

Fagopyrum esculentum Moench / 264

Polygonum nepalense Meisn. / 265

Chenopodium album L. / 266

Rhododendron dauricum L. / 270

Chelidonium majus L. / 272

Ranunculus japonicus Thunb. / 274

Cannabis sativa L. / 276

Datura stramonium L. / 278

Veratrum nigrum L. / 279

Aconitum carmichaelii Debx. / 280

中文索引

侧金盏花 / 16
多被银莲花 / 18
杨树 / 20
东北延胡索 / 21
柳树 / 23
榆树 / 24
重瓣榆叶梅 / 26
山杏 / 28
毛樱桃 / 30
李 / 32
葶苈 / 34
蒙古栎 / 36
白桦 / 39
连翘 / 40
榛 / 42
顶冰花 / 44
荠 / 47
山桃 / 48
梨 / 50
黄菖蒲 / 53
薤白 / 54
蓝莓 / 56

山里红 / 59
苹果 / 60
树锦鸡儿 / 62
山皂角 / 64
驴蹄草 / 65
色木槭 / 67
稠李 / 68
葡萄 / 70
活血丹 / 71
草莓 / 72
锦带花 / 74
刺槐 / 76
红瑞木 / 78
玉竹 / 80
毛果绣线菊 / 82
老鹳草 / 84
金银忍冬 / 86
辽东水蜡树 / 89
芍药 / 90
白花碎米荠 / 92
山荆子 / 95
蒲公英 / 97

白车轴草 / 98
红车轴草 / 100
尖萼楼斗菜 / 104
东北接骨木 / 106
珠果黄堇 / 108
缬草 / 111
辣椒 / 112
鹅肠菜 / 114
如意草 / 115
黄檗 / 116
山刺玫 / 118
牛叠肚 / 120
葱 / 122
暴马丁香 / 124
紫丁香 / 126
茶条枫 / 128
番茄 / 130
黄瓜 / 132
大山黧豆 / 134
稻 / 136
唐松草 / 138
紫穗槐 / 141

草木犀　/　142
梓　/　144
紫椴　/　145
辽椴　/　146
软枣猕猴桃　/　148
旋花　/　149
金露梅　/　150
黄连花　/　151
蚊子草　/　152
苦荬菜　/　154
茄　/　156
菜豆　/　159
委陵菜　/　160
柳兰　/　162
绣线菊　/　164
黄蜀葵　/　167
西瓜　/　168
甜瓜　/　170
大豆　/　172
辣蓼铁线莲　/　175
长柱金丝桃　/　176
辽东楤木　/　178
紫斑风铃草　/　180
藿香　/　182
广布野豌豆　/　184
珍珠梅　/　186
车前　/　188
龙牙草　/　190
千屈菜　/　192
西葫芦　/　193
轮叶婆婆纳　/　194

大白花地榆　/　195
莲　/　196
聚合草　/　197
圆叶牵牛　/　198
蛇葡萄　/　200
展枝沙参　/　202
龙葵　/　203
艾　/　206
毛水苏　/　208
玉蜀黍　/　210
圆苞紫菀　/　212
葎草　/　214
韭　/　216
芫荽　/　218
丝毛飞廉　/　220
萝藦　/　222
益母草　/　224
紫苏　/　226
美花风毛菊　/　227
刺儿菜　/　228
桔梗　/　230
羽叶鬼针草　/　232
薄荷　/　234
百日菊　/　235
月见草　/　236
香薷　/　238
苦瓜　/　239
万寿菊　/　240
黑心金光菊　/　241
鸭跖草　/　242
红蓼　/　243

胡枝子　/　244
向日葵　/　246
秋英　/　248
败酱　/　250
大花圆锥绣球　/　252
八宝　255
长裂苣荬菜　/　256
腺梗豨莶　/　258
蓝花矢车菊　/　260
菊芋　261
紫玉簪　/　262
荞麦　/　264
尼泊尔蓼　/　265
藜　/　266
兴安杜鹃　/　270
白屈菜　/　272
毛茛　/　274
大麻　/　276
曼陀罗　/　278
藜芦　/　279
乌头　/　280

图书在版编目（CIP）数据

长白山区常见蜜源植物图鉴/李志勇等著．—北京：
中国农业出版社，2020.11
　　ISBN 978-7-109-27536-2

　　Ⅰ.①长…　Ⅱ.①李…　Ⅲ.①长白山-蜜粉源植物-
图集　Ⅳ.①S897-64

中国版本图书馆CIP数据核字（2020）第208421号

中国农业出版社出版
地址：北京市朝阳区麦子店街18号楼
邮编：100125
责任编辑：李昕昱　陈　亭
版式设计：李　文　　责任校对：吴丽婷　　责任印制：王　宏
印刷：北京缤索印刷有限公司
版次：2020年11月第1版
印次：2020年11月北京第1次印刷
发行：新华书店北京发行所
开本：889mm×1194mm　1/16
印张：18
字数：500千字
定价：158.00元